加德纳趣味数学

经典汇编

博弈论、手指算术及默比乌斯带

马丁·加德纳 著   黄峻峰 译

上海科技教育出版社

图书在版编目(CIP)数据

博弈论、手指算术及默比乌斯带/(美)马丁·加德纳著;黄峻峰译.—上海:上海科技教育出版社,2017.1(2023.8重印)

(加德纳趣味数学经典汇编)

ISBN 978-7-5428-6428-4

Ⅰ.①博… Ⅱ.①马… ②黄… Ⅲ.①数学—普及读物 Ⅳ.①01-49

中国版本图书馆CIP数据核字(2016)第127690号

序

许多读者可能不知道加德纳魔术的范围有多大。他是一个拥有高超技巧的艺术家和数以百计魔术游戏的发明者。他在高中时期最早发表的作品，都投给了美国的魔术期刊《斯芬克斯》(*The Sphinx*)。加德纳喜欢给那些有幸认识他的人表演近景魔术，他喜欢在地板上弹一个小圆面包（小圆面包会像一个橡皮球一样反弹回来），吞下一把餐刀，或者把借来的戒指套在橡皮筋上。他特别喜欢看似违反拓扑定律的技巧。

另一种完全不同类型的魔术显示了加德纳向外行人解释重要数学思想的能力，他总是有办法让他们渴望知道更多。不像其他的数学科普作家，专业人士和业余爱好者同样喜欢加德纳的作品。当问到他如何驾驭这一点时，他总是坚持认为秘密恰恰是他缺乏高深的知识。在大学期间，他一门数学课程都没选，直到1989年，他才与他人合写了一篇有关新发现的正式论文。

虽然加德纳自学数学，但他影响了许多专业学者的生活，包括我们。例如，加德纳通过出版他的一些数学魔术思想，将一个失控的魔术少年转变成崭露头角的数学家，并且后来帮助这位青年找到了他的研究方向。另外，在加德纳为了创造新的谜题而努力理解某些特定谜题的过程中，萌生了许多富于想象力的研究问题。

加德纳的成功来之不易。1936年他从芝加哥大学毕业，获得哲学学士学位，之后成为塔尔萨市的一名新闻记者，开始了他的写作生涯，后来又在芝加

哥大学的媒体关系办公室当撰稿人。第二次世界大战期间在海军服役4年后，他搬到了曼哈顿，开始将小说卖给《时尚先生》(*Esquire*)，并成为《矮胖子杂志》(*Humpty Dumpty S Magazine*)的一名编辑。经过8年为5—8岁的小读者创作稀奇古怪的活动特辑，以及写故事和诗歌后，加德纳在《科学美国人》(*Scientific American*)上开始了他著名的专栏。在此之前，知情者告诉我们，多年来他住在狭小昏暗的房间里，穿着衣领磨损的上衣和有破洞的裤子，他的午餐经常被缩减为咖啡和一块丹麦面包。

加德纳为《科学美国人》专栏投入了大量的精力。他曾经告诉我们，每个月撰写专栏文章外剩下的时间只有短短几日。他离开《科学美国人》的主要原因是需要时间来撰写非数学主题的书和文章。他现在是四十多卷图书的作者，涉及的领域包括科学、哲学、文学以及数学。由他撰写的长期脱销的神学小说《彼得·弗罗姆的飞行》(*The Flight of Peter Fromm*)，1989年由法劳·斯特劳斯·吉鲁出版公司再版，他的许多书是文学随笔和书评集。

我们最近拜访了加德纳。我们中的一人给他表演了一个他以前没看到过的魔术——一个奇怪的假切牌技巧，他所表现出的热情和孩子似的惊奇深深打动了我们。年过七旬，他仍然像在中学读书时那样，急切地想要掌握被魔术师称为新"步骤"的技巧。

格雷厄姆(Ronald L. Graham)

AT&T贝尔实验室和罗格斯大学

迪亚科尼斯(Persi Diaconis)

哈佛大学

1989年秋

这是我的数学游戏专栏内容的第八本集子。自1956年12月以来,这些游戏每月出现在《科学美国人》上。和前几本一样,栏目内容经过了修改、更新,并增加了参考书目和忠实读者提供的有价值的新材料。

其中有一位读者,他不擅长数学但喜欢阅读栏目内容,经常问:"你为什么不能关照一下像我这样的读者,给我们提供一些你经常使用但很少给出定义的术语表呢?"

好的,亲爱的读者,下面就是你们要的术语表。该术语表按英文字母顺序排列,即使最卑微的数学家也对它烂熟于心,大多数读者只要瞥一眼就行。但如果你拥有冒险的灵魂,看不懂大部分数学书,却出于某个奇怪的原因决定认真地研读本书,你会发现在阅读本书之前,值得先看一遍这个简洁、非正式的术语表。

算法(Algorithm):解决一个问题的过程,通常是极为枯燥的重复步骤,除非你用电脑替你完成。当你将两个大数相乘,核对你的支票簿,洗盘子,修剪草坪时,你都在应用算法。

组合(Combination):一个集合的子集,不考虑顺序,如果集合是字母表,子集CAT是与CTA,ACT,TAC等相同的三个对象的组合。

组合数学(Combinatorial mathematics):研究组合排列的学问。尤其关于满

足特定条件的排列是否可能,若可能,那么有多少种可能的排列。

例如,幻方,数论中古代组合问题的解。能否将数字1到9放在一个方阵中,使得每行、每列、以及两条主对角线上的三个数之和都相等?可以。有多少种放法可以做到这一点?如果旋转和映射不计为不同的话,只有一种。能否将这九个数排列成任意两个和都不相同,而且所有的和是连续的数?不能。

合数(Composite number):具有两个或两个以上素因数的整数。换句话说,0,1,−1以外不是素数的整数就是合数。最小的几个正合数为:4,6,8,9,10。1234567是素数吗?不是,它有两个素因数,所以是合数。

计数数(或自然数)(Counting numbers):1,2,3,4,......。

数字(Digits):0,1,2,3,4,5,6,7,8,9是十进制的10个数字。0,1是二进制的两个数字;0,1,2是三进制的数字;更高数系以此类推。一个以12为基的计数法有12个数字。

丢番图方程(Diophantine equation):字母(未知量)代表整数的方程。这类方程用"丢番图分析法"求解。

e:π之后人人皆知的超越数。当n趋向无限大时是$(1+1/n)^n$的极限。在十进制记数法中,其值为2.718281828⋯,1828四个数字的疯狂重复完全是巧合。

整数(Integers):包括自然数,负数和零。

无理数(Irrational numbers):不是整数的实数,并且在十进制记数法中,它们是不循环的无限小数,π、e、$\sqrt{2}$ 都是无理数。

模(Module):当我们说一个数(模k)等于n,意思是这个数除以k时,余数是n。例如,17=5(模12),因为17除以12余数为5。

N维空间(N-space):一个n维欧几里得空间。一条线是一维空间,一个平面是二维空间,这个世界处于三维空间中,一个超正方体是一个四维空间超立方体。

非负整数(Nonnegative integers):0,1,2,3,4,5,…。

n **阶**(Order *n*):一种用非负整数标记数学对象将其分类的方法。若我们在一侧数棋盘的方格,它是一个8阶的方阵,如果我们在一侧数棋盘的线而不是格子,则它是一个9阶方阵。

排列(Permutation):一个集合的有序子集。如果集合是字母表,CAT,CTA,ACT等等则是三个字母的相同子集的不同排列。红色、蓝色、白色是红色、白色和蓝色的一个排列。

多面体(Polyhedron):一个由多边形边界围起来的立体图形。四面体是有4个面的多面体,立方体是有6个面的多面体。

素数(Prime):一个整数,不包括0,1,-1。除了其自身和1以外,不能被其他整数整除。最前面的几个正素数是2,3,5,7,11,13,17,19,…,有两个有趣的素数1234567891和11111111111111111111111。已知的最大素数是1985年找到的,它是$2^{216091}-1$,有65050位数。

有理数(Rational numbers):整数和分数线上、下都是整数的分数统称为有理数。在十进制记数法中,有理数或者没有小数部分,或者有有限的小数部分,或者有循环节的小数。

实数(Real numbers):有理数和无理数。实数是相对于虚数而言的,如-1的平方根即是虚数,尽管虚数与实数一样真实。

倒数(Reciprocal):一个分数上下颠倒。$\frac{2}{3}$的倒数是$\frac{3}{2}$,3(或$\frac{3}{1}$)的倒数是$\frac{1}{3}$,1的倒数是1。

集合(Set):任何事物的集。如实数,自然数,奇数,素数,字母表,你头上的头发,这一页上的词,国会议员,等等。

奇点(Singularity):当一个或多个变量具有特定值时,使一个方程(或由一

个方程表示的物理过程)发生奇特状态的某个点位或时刻。如果你在空中向上抛一个球,球向上飞的轨迹在顶点时达到奇点,因为在那一刻球的速度降到零。根据相对论,宇宙飞船的速度无法超过光速,因为在光速时关于长度、时间和质量的方程到达奇点,长度变为零,时间停止,质量趋于无穷大。

这个前言就要到达突然停止的奇点。

马丁·加德纳

第 1 章

无 之 论

似乎没有人知道如何处理这个问题。

（他当然知道。）

——P·L·希思(P. L. HEATH)

我们的话题是"无"。根据定义，"无"就是不存在；然而，作为概念它是存在的。无论是在数学、科学、哲学领域，还是在日常生活中，用文字和符号来说明、表示"无"的概念都是非常有用的。

空集是数学家们能够想到的最接近"无"的概念。空集不等同于"无"，尽管空集不同于其他任何集合，但作为集合无论如何它以某种形式存在。空集是唯一不含任何元素的集合，也是任何非空集合的子集。你可以从一个装有三个苹果的篮子中取出一个苹果、两个苹果、三个苹果，或是一个也不取。同样，对于一个空篮子，你也可以不放任何东西进去。

尽管空集不指向任何元素，但它本身具有代表意义。例如，它可以代表所有方形圆的集合，所有2以外的偶数素数的集合，或本书的黑猩猩读者的集合。一般而言，空集就是这样一种元素 X 的集合，其中无论 X 取何值，关于 X 的任何命题都是假的。关于空集元素的任何陈述都为真，因为空集不包含任何一个可以使命题为假的元素。

空集用符号 Φ 表示。千万不要把它和0混淆，0是表示零的符号。零（通常）是用来表示空集 Φ 元素数的数字。空集表示"无"，但0表示空集中元素的数量，比如空篮子中苹果的集合，这个不存在的苹果的集合是空集 Φ，而苹果的数量是0。

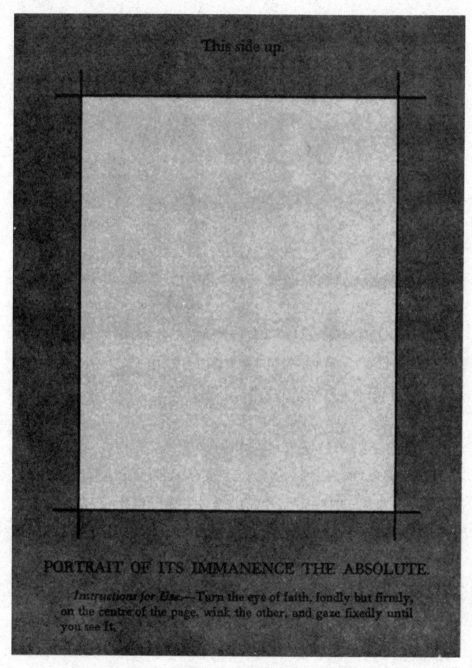

图1.1 《特殊的圣诞树》卷首插图，1901年

由伟大的德国逻辑学家弗雷格(Gottlob Frege)①发现,罗素(Bertrand Russell)②再次提出的构造自然数的方法,便是从空集开始,并使用一些简单的规则和公理。零被定义为所有集合中,元素数量与空集的元素数等价(可以一一对应)的集合的基数。在定义了0之后,1被定义为所有集合中,与只有一个元素0的集合等价的集合的元素数,2被定义为所有集合中,与只有元素0和1的集合等价的集合的元素数。3被定义为所有集合中,与只有元素0,1,2的集合等价的集合的元素数,以此类推。一般情况下,一个整数就是所有集合中,与包含了该整数之前所有数字的集合等价的集合的元素个数。

其他一些从无开始用递归的方式构造数的方法,从细节上看,各有利弊,且很大程度是心理上的。譬如,冯·诺依曼(John von Neumann)③将弗雷格的过程缩短了一步,他更愿意将0定义为空集,1定义为只包含空集这个唯一元素的集合,2定义为包含空集和1这两个元素的集合,依此类推。

数年前,剑桥大学的康韦(John Horton Conway)④偶然想出了一个构造自然数的卓越新方法,该方法也是从空集开始。最初,他用了一份13页的打印文稿影印本描述他的新方法,"所有的数字,无论大小。"他开始写道,"让我们看看过去那些擅长构造数字的人们是怎样处理这个问题的。"这篇文章的结尾有10个问题,其中最后一个问题是:"这整个体系有用吗?"

1972年的某一天,当康韦在午饭时巧遇高德纳(Donald E. Knuth,斯坦福

---

① 弗雷格,德国数学家、逻辑学家。数理逻辑和分析哲学的奠基人。——译者注

② 罗素,20世纪英国哲学家、数学家、逻辑学家、历史学家,无神论者。他与怀特海合著的《数学原理》对逻辑学、数学、集合论、语言学和分析哲学有着巨大影响。——译者注

③ 冯·诺依曼,美籍匈牙利人,经济学家、物理学家、数学家,"现代电子计算机之父",制定的计算机工作原理到现在还被各种电脑使用着。——译者注

④ 康韦,英国数学家,活跃于有限群、趣味数学、纽结理论、数论、组合博弈论和编码学等领域的研究。——译者注

大学的计算机科学家)①,他向高德纳解释了他的新方法。高德纳立刻为这种方法的可能性和革新性的内容着迷。1973年,高德纳利用在奥斯陆一周的度假时间,以短篇小说的形式给康韦的方法写了一篇导言。次年,该书以平装本形式由艾迪生韦斯利出版社出版,该出版社还出版过高德纳的著名《计算机程序设计艺术》(The Art of Computer Programming)系列。我认为这是唯一一次用小说形式来发表重大的数学发现。康韦在他之后的一部书《数与游戏》(Numbers and Games)中,开篇首先描述了他构造数的方法,进而描述了如何用此理论构造和分析两人对策。(可参见我1976年9月的《科学美国人》上的专栏文章。)

高德纳为这部小说体著作取名为《超现实数:两位前学生如何对纯数学感兴趣并找到了完完全全的幸福》(Surreal Numbers How Two Ex-Students Turned On to Pure Mathematics and Found Total Happiness)。高德纳在后记中解释道,该书的主要目的,与其说是为了传授康韦的理论,不如说是为了"教大家如何尝试去发展这样一个理论"。他还补充道:"因此,当书中两个人物在逐步探索和构建康韦的数字体系的时候,我不仅记录了他们灵感突现的瞬间,还有起初的失败和挫折。我想做的就是合理地、真实地描述数学研究的重要原则、方法,以及它所带来的快乐、激情和哲理。所以,我一边做研究的同时,一边写下了这个故事"。

高德纳笔下的这两位前学生,爱丽丝和比尔(A和B),已经飞离了"体系",停歇在印度洋海岸的港口里。在那里,他们发现了一块刻有古希伯来语的半埋的黑色岩石。通晓希伯来语的比尔试着翻译了开首语:"最初,万物都是虚空,J·H·W·H·康韦开始创造数字。"JHWH是古希伯来语中Jehovah的音译。"Con-

---

① 高德纳,出生于美国密尔沃基,著名计算机科学家,在计算机科学及数学领域发表了多部具广泛影响的论文和著作。他的名著《计算机程序设计艺术》是计算机科学方面最受重视的参考书籍之一。——译者注

way"在古希伯来语中也没有元音,不过它是比尔能想到的符合辅音发音最常见的英文名字了。

比尔继续翻译"康韦石头":"康韦说道,'让我们使用两条规则来创造所有的大小数字。第一条:每个数字都对应两个由在它之前被创建出来的数字组成的集合,左边集合中的任何元素,都小于右边集合中的任何元素。第二条:当且仅当第一个数字的左边集合中的每一个元素,都小于第二个数字,并且第二个数字的右边集合中的每一个元素,都大于第一个数字时,第一个数字才会小于或等于第二个数字。'康韦仔细检查了自己制定的这两条规则,棒极了。"

石头上的文字接着描述了康韦是如何在"零日"创造出了"零"。他将两个空集一左一右放置。用符号标记为:$0=\{\phi \mid \phi\}$,其中竖线将两个空集分开。左边空集中的任何元素,都不会大于或等于右边空集中的任何元素,因为空集中没有元素,所以满足康韦的第一条规则。应用到第二条规则,可以简单看出0小于或等于0。

第二天,石头上显露文字,康韦创造出了头两个非零整数,1和-1。方法就是简单地将空集和零以两种可能的方式结合起来:$1=\{0 \mid \phi\}$和$-1=\{\phi \mid 0\}$。这两个数满足规则。-1小于但不等于0,同时0小于但不等于1。如此一来,1和-1,和随后创造出来的所有数字都可以被重新插到左—右公式中,用这样的方式,所有的整数就都会被创造出来。当0和1组成左边的集合,而右边是空集时,2就会被创造出来了。用0、1和2组成左边的集合,空集放在右边时,那么3就被创造出来了,依此类推。

此时,读者们可能喜欢上了自己去做一些探索。高德纳为《超现实数》一书作了封面图,图上用巨石组成的图形象征着$\{0 \mid 1\}$。这到底代表了哪个数字?读者们能证明出$\{-1 \mid 1\}=0$吗?

"生生不息结出累累的果实!"康韦对整数说。首先它们组合成了有限集

7

合,然后变成无限集合,仅仅在康韦提出的简单可笑的规则的协助下,左右集合的"结合"还在持续进行。其他所有的实数不断涌现:首先是整分数,然后是无理数。在阿列夫零日的最后一刻,发生了一次大爆炸,宇宙就出现了。然而,一切并非到此为止。被带入无限后,康韦的构造产生了所有的康托尔(Georg Cantor)超限数,无限小实数(无限数的倒数),和古怪的新的量的无限集合,如超限数和无限小数的根。

这是戏法的一次精彩表演。由标准集合论中的几条公理制成的桌子上,摆放着一顶空帽子。康韦向空中挥舞两条简单的规则,几乎没有伸向任何东西,却拉出了一条由无限多数字组成了实闭域的挂毯。每一个实数都被一大群新的数字包围着,这些新数字比其他任何"实"值都更靠近这个实数,这个系统就是"超实的"。

"朋友们,空集无处不在。"比尔大声喊。"我想我会写一本书,书名就叫《空集的特性》(*Properties of the Empty Set*)。""无也具有性质"这一概念在哲学、科学和日常语言领域中是普遍存在的。卡罗尔(Lewis Carroll)①笔下的爱丽丝可能认为发生在她身上的事是荒谬的:三月兔请她喝的酒并不存在;白国王欣赏她能够在路上看见无名的能力,但疑惑速度比三月兔快的无名为什么没能在它之前到达。然而,"无"以一种积极的方式实实在在地进入人类的各种体验之中,这样的例子不胜枚举。

来想想孔洞。有这样一个古老的谜语:一个一定体积的矩形孔洞里有多少灰尘?虽然这个孔洞具有一个长方体的所有属性(角、边、面、体积等),可答案

---

① 卡罗尔,原名道奇森,曾在牛津大学执教数学。以笔名卡罗尔所写的童话《爱丽丝漫游奇境记》(1865)、《镜中世界》(1872)为世界儿童文学名著。后来又写了一部姐妹篇,叫《爱丽丝镜中奇遇记》。爱丽丝、三月兔、白国王和无名都是卡罗尔所创作的《爱丽丝漫游奇境记》中的人物。——译者注

是孔洞中没有灰尘。毋庸置疑,对于我们的健康、感觉和快乐而言,我们身体上的各种孔洞是必不可缺的。在《桃乐丝与奥兹国魔法师》(*Dorothy and the Wizard in Oz*)[①]中,住在地球内部金字塔尖的梳着辫子的男人告诉桃乐丝他是如何来到那里的。他曾经是瑞士芝士、甜甜圈、纽扣、多孔石膏板和其他东西的孔洞制造商。一天,他决定要挖掘一大批大小可调整的洞,把它们首尾相连放在地里,形成了一个深竖井,结果,他自己却意外地翻滚了进去。

通过将孔洞视为一个移动的方块,能够最好地解释劳埃德(Sam Loyd)[②]的滑块游戏(在4×4的方盒里面有15个单元方块)背后的数学理论。这和金原子在铅中扩散的情况类似。液体中分子大小的空空气泡,可以像能观察到的事物一样,来回移动、旋转、撞击和反弹。负电流是自由电子在导体内互相撞击的结果,但是缺少自由电子而形成的孔洞却可以产生相同的效果,生成正"空穴电流"向相反方向流动。

老子《道德经》第11章中写道:

三十辐,共一毂;

当其无,有车之用。

埏埴以为器,

当其无,有器之用。

---

① 该书作者是美国作家鲍姆。《绿野仙踪》、《奥兹国之伟大巫师》)是他最有名的美国儿童文学著作。在《绿野仙踪》之后,陆续创作"奥兹国"相关系列作品14本。——译者注

② 劳埃德,美国智力游戏设计师、趣味数学家。——译者注

凿户牖以为室，

当其无，有室之用。

故有之以为利，

无之以为用。

1912年去世的英国工程师雷诺兹(Osborne Reynolds)曾发明了一种复杂的理论：物质是由穿行于以太的零微粒组成的，它们的运动方式同在液体中的气泡一样。他的两部关于此理论的书籍由剑桥大学出版社出版，分别是《关于宇宙结构的颠覆思想》(*On an Inversion of Ideas as to the Structure of the Universe*)和《宇宙的子力学》(*The Sub-Mechanics of the Universe*)。两本书引起了热烈反响，以致鲍尔(W. W. Rouse Ball)在他的早期版本的《数学游戏与论文》(*Mathematical Recreations and Essays*)中赞扬该理论，"比电子假说更具有合理性"。

雷诺兹的颠覆思想并没有听上去那么疯狂。狄拉克(Paul Dirac)[1]在他著名的理论中预测了反粒子的存在，把正电子(反电子)视作是负电荷连续统里的一个空洞，当一个电子和正电子撞击时，电子掉进正电子空洞中，致使两个粒子全部消失。

虽然古老的"停滞的以太论"已经被物理学家们所抛弃，但取而代之的并不是"无之论"。"新以太"由度规场组成，度规场起到自然界基本力的作用，或许也是粒子。惠勒(John Archibald Wheeler)[2]提出了一个最基本的东西，叫做

---

① 狄拉克，英国理论物理学家，量子力学的奠基者之一，因狄拉克方程与薛定谔共同获得1933年诺贝尔物理学奖。——译者注

② 惠勒(1911—2000)，美国著名的物理学家、物理学思想家和物理学教育家。——译者注

"超空间"，它有无限多个维度。超空间偶然有一部分以某种特殊的方式扭曲、爆炸，创造出一个三维空间宇宙，按照自己内部的规律随时间变化；在这样的规律支配下，这个场形成一些小的结，我们称之为"物质"。从微观层面上看，量子涨落赋予空间一种泡沫状的结构，在这种结构中，微型空穴又形成了具有额外属性的空间。虽然"有"和"无"之间仍存在差异，但那是纯几何意义上的，从几何学的背后来看，确实什么差异也没有。

真空区如同一条零曲率直线。弯曲这条线，增加一点小小的波浪起伏，你就得到了一个充满物质和能量的宇宙。在我们这个不断膨胀的宇宙最边缘之外，（可能）是一大片没有被光和引力穿透的浩瀚区域。而在这些区域之外，可能存在着其他宇宙。我们应该说这些真空区域里什么都不存在呢，还是它们被一个零曲率的度规所浸透？

希腊和中世纪的思想家们曾为"存在与非存在的差异"争论不休：到底存在着一个世界还是多个世界；能否合适地认为完全的真空是"存在"的；上帝是从纯粹的"无"中创造了世界还是先创造了一个几乎接近"无"的底层物质，即圣奥古斯丁（St. Augustine）所说的"虚无"。从古至今，东方的哲学家和神学家们也不断地讨论着完全相同的问题。当东方宗教中的神或神们从"虚空"中创造世界的时候，他们创造了"无形"还是某些几乎等同于"无"的东西？这些问题听起来很古怪，但是稍微改变一下措词，则就与我们当下的辩论如出一辙。

艺术界里关于"无胜于有"的例子数不胜数——有些是笑话，有些则不是。1951年，值得尊敬的美国抽象主义大师莱因哈特（Ad Reinhardt）[1]（1967年去世）开始用单一的蓝色或红色画油画。几年后，他走向了另一个极端——全黑色。1963年，纽约、巴黎、洛杉矶和伦敦最知名的艺术馆展出了他的作品：5×5平方英尺的全黑色油画（见图1.2）。尽管有位评论家谴责他是"江湖骗子"

——————————————————

① 莱因哈特是美国20世纪表现主义艺术家与抽象表现主义艺术家代表人物。——译者注

图1.2　莱因哈特：抽象绘画，1960-61。油画：60"×60"。现代艺术博物馆

© 2004，Estate of Ad Reinhardt Artists Rights Society (ARS)，New York

（1963年4月刊的《美国艺术》（*Art in American*）杂志上，克林（Ralph F. Colin）撰写的"艺术界的江湖骗子"一文中提及），但是更多杰出的艺术评论家（如克雷默（Hilton Kramer）在1963年6月22日的《国家》（*The Nation*）杂志和罗森伯格（Harnold Rosenberg）在1963年6月15日的《纽约客》（*The New Yorker*）杂志撰文赞赏他的黑色艺术。克雷默对在佩斯画廊展出的全黑色油画展品大加赞扬，称其为"美学纯正性的终极表述"（《纽约时报》（*The New York Times*），1976年10月17日）。

　　1965年，莱因哈特在曼哈顿顶级画廊里同时展出他的全黑色、全红色和全蓝色三幅油画作品，标价从1500美元到12000美元不等。[参见1965年3月15日的《新闻周刊》（*News Week*）关于莱因哈特对自己的黑色艺术所做的辩护，可查阅米勒（Dorothy C. Miller，时任"纽约现代艺术博物馆"馆长）1963年主编的《美国人》（*Americans*），和罗丝（Barbara Rose）编辑的《艺术就是艺术：阿德·莱

因哈特艺术理论精选》(*Art As Art: The Selected Writings of Ad Reinhardt*)一书（1975年，Viking出版）。]（在此要感谢莱曼(Thomas B. Lemann)提供的这些参考资料。）

既然黑色代表光的缺失，莱因哈特的全黑油画尽可能地接近"无"，这比劳申贝格(Robert Rauschenberg)[1]的全白油画更完全地表现了"无"的真谛。泰勒(R. Taylor)在《纽约客》(1944年9月23日)上刊载了一幅漫画——艺术馆里，两位女士站在全白油画前看着作者简介："在巴塞罗那时期，他对纯净的原始空间与生俱来的各种可能性产生了极大兴趣。带着因对无可估量的谜团的深深崇敬而产生的勇气，当时他创作出了一系列油画，而画面中只有一大片耐人寻味的白色。"

我从没听说过任何一件"极小雕塑"作品是缩小到无的完全最小化，但是我期待随时看到某个大型博物馆里花费上万美元购买到的这样一件作品。毫无疑问，摩尔(Henry Moore)充分运用了"孔洞美学"。1950年旧金山，一年一度的"小精灵，小矮人和小男人科幻小说大杂烩"的会议上，布拉德伯里(Ray Bradbury)[2]成为获得年度大奖的第一人。奖品是一个隐形的小人，站在光滑的胡桃木底座的铜牌上。向我提供信息的摩尔解释道，这个小人雕像并非虚无，因为铜牌上有两个黑色鞋印表明确实有一个小人在那里。

在许多戏剧中的主角都一言不发。是否有人创作过这样的戏剧或电影——从头至尾只有一个空舞台或空屏幕？沃霍尔(Andy Warhol)[3]早期的一些电影非常接近这一风格，而我对一些早期的前卫派剧作家的确达到了这样的极限

---

① 劳申贝格，出生于美国堪萨斯州。是战后美国流行艺术的代表人物。其"结合画"，即加入喂饱的山羊和时钟等三维物体的画，推动了流行艺术的发展。——译者注

② 布拉德伯里，美国科幻、奇幻、恐怖小说作家。——译者注

③ 沃霍尔，出生于美国宾夕法尼亚州的匹兹堡，被誉为20世纪艺术界最有名的人物之一，是流行艺术的倡导者和领袖，也是对流行艺术影响最大的艺术家。——译者注

这事一点也不吃惊。

凯奇(John Cage)①的钢琴作品《4分33秒》要求演奏者僵坐在钢琴凳上,保持长达4分33秒的寂静无声。持续安静的时间长273秒。凯奇解释道,273秒的寂静正好与零下273摄氏度相对应,也就是绝对零度,在这样的温度下,所有的分子运动都停止了。我没有听过《4分33秒》这部作品,但听过的朋友告诉我这是凯奇石破天惊的作品。

"无"在出版物中的佳例有许多,如《项狄传》(*Tristram Shardy*)最后一卷的第18章和第19章都是空白。哈伯德(Elbert Hubbard)②的《论无声》(*Essay on Silence*)一书尽管用棕色小山羊皮装订,并有金色压边,但书中只有空白页。我记得小时候看过类似的书叫做《女人之我所见》(*What I Know about Women*),还有一本信奉正统派基督教的小册子《你必须做什么才能消失呢?诗集》(*What Must You Do to Be Lost? Poème Collectif*),由菲尤(Robert Filliou)于1968年在比利时出版,由16张空白页组成。

1972年,火奴鲁鲁动物园分发了一本权威性的专著,名为《夏威夷的蛇:一本关于第50州濒临灭绝的本地物种的权威、完整插图指南》(*Snakes of Hawaii: An authoritatire, illustrated and complete guide to exotic species indigenous to the 50th State*),作者是理学学士小奈特(V. Ralph Knight, Jr.)。一位叫莫斯(Larry E Morse)的记者向我透露,这本专著在《无之书》(*The Nothing Book*)中被完整重印(未授权)。这空白之卷由哈莫尼出版社于1974年出版,有平装和精装两种。由于销量喜人,该书于次年再版,定价更高(贵5美元),包装更豪华——精致的法式云石纹纸作衬纸,用皮面装订。但根据美国电影杂志《乡村之声》

---

① 凯奇,20世纪美国著名的作曲家、哲学家和音乐作家。——译者注
② 哈伯德,美国著名出版家和作家。1899年,哈伯德创作了《把信送给加西亚》,在《菲士利人》杂志上发表后,引起了全世界的强烈轰动。——译者注

（*The Village Voice*）（1974年12月30日）的一篇报导，一位欧洲作家威胁要起诉哈莫尼出版社，在《无之书》之前，他早已出版过白页书籍。他认为他的著作权遭到了侵犯，而没有得到任何补偿。

一位叫莱昂斯（Howard Lyons）的多伦多记者指出，"空集"一直都是歌词作者所青睐的话题。例如，"我形单影只"，"没人爱上我"，"我一无所有"，"当他们说我为你流泪时，无人说谎"，"没有一个甜美的女孩配得上我咸涩的眼泪"，成百上千这样的歌词。

"无"会产生晴天霹雳一般惊人的效果。一个老掉牙的笑话讲一个人睡在灯塔下过夜，夜里每隔10分钟雾笛就会发出警报声。一天凌晨3点20分，雾笛机械装置发生故障，没有发出警鸣声，这个人从床上跳了起来，大声喊道："出了什么事？"还有这样一个恶作剧，一支大型管弦乐队在演奏一首铿锵有力的交响乐过程中，所有演奏者突然停止演奏，结果导致指挥从指挥台上摔了下来。美国北达科他州乡村的一个下午，风吹呀吹，突然停了，结果所有的小鸡都摔倒了。一位日本记者告诉我，如今日本气象局会发出"无风警告"，因为无风天气可能带来有害的烟雾。

还有许多例子并非笑话。缺水会导致死亡。挚爱的离去、金钱和名誉的损失都可能把人逼上绝路。法律认定，许多情况下不采取行动也是一种犯罪。当一个人站在铁轨上，面对迎面驶来的火车无法决定向左跳还是向右跳时，会带来惨重的后果。在故事"银色马"中，福尔摩斯正是依据"一只狗深夜里没有做出任何反应"的"奇怪小事"作出了著名的推理。

逃离无处不在的罐头音乐所制造出的声音变得越来越难。莫里斯（Edmurd Morris）在他的一篇名为《喧闹沙漠中的寂静绿洲》（《纽约时报》（*The New York Times*，1975年5月25日）的美文中写道，噪声是挥之不去的。有一个关于点唱机的老掉牙的笑话，投25美分，点唱机就会提供3分钟没有音乐的安静。

开车来到派克山山顶，莫里斯写道，"在那能看到的科罗拉多的全景赋予了贝茨(Katharine Lee Bates)①灵感，创作出了诗歌《美丽的亚美利加》，而你的耳朵将受到传来的砰砰响声冲击——东、南、西及北四个巨大的扬声器向明澈的空气中喷射着牛仔音乐。"甚至连西斯廷教堂如今也装上了音响设备。

莫里斯继续写道，"起初，真正的寂静让人感觉有点不舒服，几乎感到恐惧……你会被日常噪声明显的响度吓一跳……逐渐地，你的耳朵开始适应这张由声音所编织成的精致的网，在其他地方是听不到的，这样的声音被艾略特(George Eliot)②称为'沉睡在寂静另一边的咆哮声'。"莫里斯提供了世界上几个"无声之处"，在那些地方，人们不仅可以逃离米尤扎克(商用背景音乐代名词)，还可以远离所有的听觉污染——现代科技的副产品。

这些例子都好比是什么也没有的小口袋。所有——每一个——和无之间的巨大差异又如何呢？从最早期开始，最杰出的思想家们就已经沉思这个终极分裂的问题了。宇宙将要消失似乎是不可能的(尽管我本人曾写过这样一个故事：由于厌倦了存在，上帝摧毁了一切，包括他自己)，但是，我们人类会在不久就消失是一个铁铮铮的事实。中世纪，对死亡的恐惧总是和对永恒苦难的恐惧交织在一起，但是，自从地狱逐渐消亡(尽管现在又有复活的迹象)，这种恐惧已经被克尔恺郭尔(Sören Kierkegaard)③所说的对可能出现的无的"担心"和"痛苦"所取代。

这让我们突然转移到被爱德华兹(Paul Edwards)称做"最终极的问题"上

---

① 贝茨，美国作家和教育家。她的名气主要来自诗歌创作，特别是赞美诗《美丽的亚美利加》。这首诗歌称颂美国的壮美、辽阔和机遇，曾选用过60多种旋律。——译者注

② 艾略特，英国维多利亚时代著名作家之一，与狄更斯和萨克雷齐名。其主要作品有《弗洛斯河上的磨坊》、《米德尔马契》等。——译者注

③ 克尔恺郭尔，丹麦著名神学家、哲学家、诗人。被公认为是现代存在主义哲学的创始人，后现代主义的先驱。反对黑格尔的泛理论，认为哲学研究的不是客观存在，而是个人的"存在"，哲学的起点是个人，终点是上帝，人生的道路也就是天路历程。——译者注

来。如莱布尼茨（Leibniz）①、谢林（Schelling）②、叔本华（Schopenhauer）③和其他许多哲学家所提出的相似问题——为什么是存在而不是不存在？

显而易见，不同于其他任何问题，这是个奇怪的问题。许多人，也许是大多数人，一辈子也不曾思考过这个问题。如果被问及这个问题，他们可能无法理解，而且认为提问者一定疯了。即使那些能够理解的人，反应也是五花八门。信奉神秘主义的思想家们，如已故的海德格（Martin Heidegger）④，认为这是所有极抽象问题中最深邃、最基本的问题，并鄙视那些没有被该问题同样困扰住的哲学家们。信奉实证主义和实用主义的思想家则认为，该问题无足轻重。既然每个人都赞同无法从经验上和理性地回答这个问题，这个问题缺乏认识内容，和问数字2是红色还是绿色一样毫无意义。甚至，卡纳普（Rudolf Carnap）在他著名的关于《问题的意义》论文中，对海德格关于存在和非存在问题的自负分析表示出鄙夷。

第三种哲学家，包括《存在的奥秘》（*The Mystery of Existence*）一书的作者穆尼茨（Milton K. Munitz），则认为该问题本身是有意义的，但是坚信该问题的重要意义就在于我们无法回答它。穆尼茨认为，无论有或者没有答案，回答这个问题都超出了科学和哲学的范畴。

不管他们的形而上学是什么，那些曾困惑于这个终极问题的思想家们都留下了关于这个意外时刻的有力的证明——在那短暂的时刻里，一个人突然

---

① 莱布尼茨，德国思想家、哲学家、数学家、科学家、外交家、著述家。涉及包括法学、力学、光学、语言学等40多个领域，被誉为17世纪的亚里士多德。和牛顿先后独立发明了微积分。——译者注

② 谢林，德国哲学家。在哲学史上，谢林是德国唯心主义发展中期的主要人物，处在费希特和黑格尔之间。——译者注

③ 叔本华，德国哲学家，通常被视为悲观主义者。他以著作《意志与表象的世界》而闻名。——译者注

④ 海德格，德国哲学家，20世纪存在主义哲学的创始人和主要代表之一。——译者注

强烈地意识到了"为什么世界是有而不是无"这个疑问的答案。这就是萨特（Jean Paul Sartre）①的哲学小说《恶心》（Nausea）核心的恐怖情感。书中红发主人公洛根丁（Antonie Roquentin）被这个终极问题所困扰着。他思考着，"圆不是荒诞的，它可以用一根线段绕着其一个端点旋转来解释。但是圆又是不存在的。"而真正存在的事物，如石头、树木和他自己本身，都缺乏存在的理由。它们只是疯狂存在着，臃肿的、猥亵的或是凝胶似的，无法不存在。当这种情绪占领他的身心时，他感到恶心。很早以前，詹姆斯（William James）便将这种感觉称为"本体性怀疑症"。单调乏味的日子来来去去，所有的城市都很相似，没有什么是有意义地存在着。

切斯特顿（G. K. Chesterton）②——有神论的典型代表，惊讶于存在的荒诞性，并以相反的方式来回应。没有靠推卸责任给上帝的方式来回答"世界的存在"这个终极问题；绝没有那样做！有人会马上产生好奇为什么上帝是存在而非不存在？然而，尽管将宇宙置于至高无上的位置，对它的敬畏从未减少，这种转变会产生感恩和希望的情绪，减缓焦虑。切斯特顿的存在主义小说《活着的人》（Manalive）正是萨特《恶心》一书的精彩补充。书中的主人公，无辜的史密斯，为自己拥有存在的特权兴奋不已，他开始创造各种异想天开的方法令自己震惊，好让自己意识到他和这个世界并不是不存在的。

这一章的开头我们引用了希斯的话，我们也同样用他的话来结尾。他在《哲学百科全书》（The Encyclopedia of Philosophy）一书中关于"无"的条目的结尾处写道，"如果'无'无论如何都存在，那么就不会有任何问题和答案，甚至连

---

① 萨特，法国20世纪最重要的哲学家之一，法国无神论存在主义的主要代表人物。他也是优秀的文学家、戏剧家、评论家和社会活动家。萨特是西方社会主义最积极的鼓吹者之一。——译者注

② 切斯特顿，20世纪杰出的作家。作品涉及范围颇广，涵盖传记、推理小说、历史、神学论著等。最著名的著作有《异教徒》、《回到正统》、《永恒的人》、《布朗神父》等。——译者注

存在主义哲学家们的担忧也会永远消失。既然他们的担忧没有消失，显然"无"让人为它担忧。但是，仅仅'无'本身就应该足够让存在主义者们满足。除非问题的答案如一些人猜疑的那样，不是'无'在困扰着存在主义者们，而是他们一直担心着'无'。"

第 ② 章

无事生非

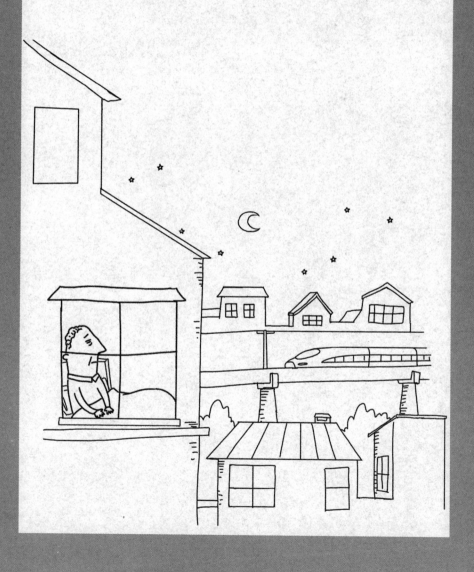

你还什么都没见到呢。

　　　　　　　　——乔尔森(Al Jolson)[1]

---

　　① 乔尔森,20世纪初期百老汇舞台和后来银幕上最有名的歌星和演员之一,以扮演黑人著称。——译者注

当前一章的内容首度出现在《科学美国人》(1975年2月刊)上时,许多让人欣喜的回应信件纷至沓来。它们提及了一些我不知道或未能注意的东西。其中的一些信息已经在第一章中被提到,接下来要呈现给大家更多的信息。

受到我的故事《灯塔看守人》启发,埃利奥特(Hester Elliott)成为众多读者中第一个想起被纽约人惯常称为"鲍厄里①高架铁路现象"的人。当位于第三大道上的旧高架被拆除后,警察开始陆续接到附近居民打来的电话。他们反映在夜里每隔一段时间就会醒来,因为能听到奇怪的噪声,并有一种强烈的不祥之感。如埃利奥特女士所言,"没能再来的火车时刻表与警察记事本上的来电话时间不期而遇了。"她还说,普里布拉姆(Karl Pribram)在他的《大脑的语言》(*Languages of the Brain*)一书中对此现象进行了讨论,这一例子证实了我们即使在睡觉期间,大脑也一直在扫描过去期望的事件流,当与适应了的模式出现明显反差时,大脑就会被唤醒。

心理学家格拉斯曼(Robert B. Glassman)也曾在一封信中提及过"高架铁路现象",同时还给出了其他例子。他写道,人类大脑具备一种愉快的功能,将在此刻看似无关的意识忘记或抹掉,但是不相关的背景仍会被下意识地察觉

---

① 鲍厄里是纽约市下曼哈顿区的一个街区,一个因犯罪和流浪汉而臭名昭著的区域。——译者注

23

到,并且背景上的变化会重新让意识回归清醒。他继续写道,俄国心理学家已经发现,如果一个人或动物长时间听一段重复的、同一个调的声音,他们很快学会忽视这个声音。但是如果这个调听上去不同了,或者更轻柔,或者更快速,大脑都会快速觉醒。

凯斯西方储备大学的心理学教授罗兰(Vernon Rowland)阐述过相似的观点。他发表在1975年4月的《科学美国人》上的信件如下:

先生们:

我很喜欢加德纳的《无之论》一文。如同所有的人类活动,康韦的构数规则和加德纳对"无"的分析,都是大脑神经系统的表达,而关于这方面的研究有助于理解"无"的起源和演化。

大脑可以巧妙地自我调节来侦察环境中的不变和变化。无论在理性上还是感知上,恒量的突然变化都是可辨认的界限。只有当"无"与"非无"被明确界定的时候,"无"才是清晰可知的。即使只被模糊界定"无"也不能被视作绝对。这就是绝对的矛盾的一个例子,因为"无"不可能被意识到,除非它与"非无"联系起来(或对比)。

人可以观察具有感知能力的动物的大脑,甚至是像青蛙这样的原生动物,特殊的神经元对空间界

限和时间界限有特别的反应。譬如,当"有"变成"无"的时候,如"光亮"变成"黑暗"时,"关闭"神经元开始活动。因此,"无"被正确地表示出来,被赋予了存在的性质。已故的波兰神经心理学家科诺尔斯基(Jerzy Konorski)[1]指出了这种可能性:闭上眼睛可能激活关闭神经元,使之"看到"黑暗且识别出,与什么也看不到是有区别的。

我和其他人做过这样的实验:用一时的"无"作为给猫咪提供食物的信号,即在连续发出滴答滴答声的背景下,会有10秒钟的安静。猫咪们的大脑表现出了解了这种安静的重要性,与之相反情况下也相似,即在持续安静的背景下,会有10秒钟的滴答滴答声。所以,可以像心理学家处理其他形式背景或刺激环境的逆转一样来对待"无"和"有"。

通过特定的大脑信号我们开始意识到"无",只有将它与其他揭露现"有"对象的界限和稳定性的大脑信号区分开来时,我们才能够了解"无",这要求集中注意力。另一种形式的"无"是基于注意力的转移,从一种感觉形式向另一种转移(如听音乐的例子),或向注意力机制失效。当一个人在某种卒中情况下,他会"忘记"身体的某一部分,就好像这部分根本不

① 科诺尔斯基,波兰生理心理学家。他是巴甫洛夫的学生,因研究条件反射、条件反射的中枢神经生理机制、大脑的综合功能等问题而著名。——译者注

存在一样,譬如,一个男人刮胡子只刮了半张脸。

生命体系通过进化各种机制来抵消或反击能量供应中的混乱,获得和保存支撑生命的能量。觉察能量领域供应空缺(即"无")的本领必须在早期就学会。否则,生存不可能超越实际生活在能源供应中(原生动物的营养池)的阶段,而不是靠近能量供应源(可以离开水域又返回的动物)。

如果关于"无"和"空缺"生理心理起源的实用主义观点还不足以使莱布尼茨的问题("为什么是有存在的,而不是无存在?")通俗化,那么我认为哲学家有必要证明"无(绝对意义上的)存在"这一说法并不自相矛盾。

我创作的"奥姆(Oom)"故事,让埃利奥特女士想起了博尔赫斯(Jorge Lu-is Borges)①关于多恩(John Donne)②的随笔《双重永生》(Biathanatos)(一部主张耶稣是自杀观点的著作)"中的一段文字,该随笔收录在他的专著《其他询问1937—1952》(Other Inquisitions 1937-1952)中:

---

① 博尔赫斯,阿根廷诗人、小说家、散文家兼翻译家,被誉为作家中的考古学家。——译者注
② 多恩,英国詹姆士一世时期的形而上学诗人,他的作品包括十四行诗、爱情诗、宗教诗、拉丁译本、隽语、挽歌、歌词等。——译者注

当我重读这篇随笔，我想到了悲惨的巴茨（Philipp Batz），在哲学历史中他被称做原住民。和我一样，他是叔本华的忠实读者，并在他的影响下（也许是受基督教诺斯谛派的影响），巴茨想象我们是时间之始上帝自我毁灭形成的碎片，因为上帝不想存在下去。宇宙的历史就是那些碎片难以名状的苦难史。巴茨出生于1841年；1876年，他出版了《救赎哲学》（*Philosophy of the Redemption*）一书。同年，他选择了自杀。

巴茨是博尔赫斯杜撰的人物之一吗？当然不是，他的的确确存在。你可以在《哲学百科全书》第六卷第119页中读到他及他的两卷与众不同的作品。

有几位读者告诉我，图论学家就"零图"是否有意义展开过有趣的争论。所谓"零图"就是没有点或边的图。经典的参考文献就是哈拉里（Frank Harary）[1]和里德（Ronald C. Read）[2]合作的一篇论文。《零图是无意义的概念吗？》（1973年在华盛顿大学举行的图论和组合数学会议上，这篇论文首次发表，并刊印在Springer-Verlag出版社出版发行的会议录中。）

"请注意，这并不是一个关于零图是否存在问题，"两位作者写道。"这只是

---

[1] 哈拉里，一位多产的美国数学家，专长研究图论。——译者注

[2] 里德，加拿大滑铁卢大学数学系名誉教授，出版过许多图论方面的文章和书籍。——译者注

一个关于零图是否有意义的问题。"他们查阅了文献,给出了支持和反对的意见,最后没有得出任何结论。图2.1(论文中原图的复制品),它向我们展示了零图是什么样子的。

图2.1 零图①

科学哲学家萨尔蒙(Wasley Salmon),从存在论的角度,就空集的存在给出了精彩的论据:

我刚刚愉快地阅读了您的专栏文章"无之论"。这不禁让我想起弗拉森(Bas van Fraassen)说过的话,他是多伦多大学一位年轻有为的哲学家。在一次关于数学哲学的演讲中,他问到为什么没有一种方法从存在论的角度证明空集的存在。"通过空集,我

---

① 请不要怀疑,我并没有丢失这张图,你可以参见书后附录,找到更多的信息。——译者注

们才能明白集合是最能构造出无的。"弗拉森目前担任《哲学逻辑期刊》(*Journal of Philosophical Logie*)主编一职。我把完整的论据发给了他：

"傻瓜心想，空集根本不存在。但是，如果真是如此，那么所有这些集合的集合将是空的，因此，就会有一个空集，证明完毕。"

我始终不明白他为什么没有发表这个意义深远的研究结果。

莫斯特勒(Frederick Mosteller)，哈佛大学的一位理论统计学家，他对这个终极问题作出过如下评论：

"自从14岁左右开始，我一直被这个问题严重困扰着。总体上，我一直不愿与人谈及这个问题，因为起初的几次尝试我得到了意想不到的反应，主要是负面的贬低讽刺。当我第一次遇到这个问题的时候，就受到震撼，它不断地困扰着我。我不明白它为什么没有每周一次地出现在报纸上被讨论。我认为，一定意义上，所有关于创造的引用都是这个问题的反馈。但似乎正是这个问题的简单性让我感到震惊。

当我长大了一些,曾有一两次我试着向物理学家问及该问题,同样地,我没有得到太多的答复——很可能是我问错了人。有一次,我向图基(John Tukey)提及该问题,他给出了很好的答复。他说了这样一番话:现在冥思苦想这一问题似乎不会产生很多的信息——也就是说,我们在该问题上没有太大进展——因此,很难再在这个问题上花费时间。也许,这还不是一个有利可图的问题。

对于我来说,"无"似乎应该比有更为合理,以至于我偷偷地作出了结论,而物理学家也极有可能会最终证明它——如果有一个包含"无"的体系存在,它就会自动地创造出一个物理世界。(当然,我知道他们无法证明这一结论。)

第 3 章

博弈论，猜纸牌游戏，
散兵坑游戏

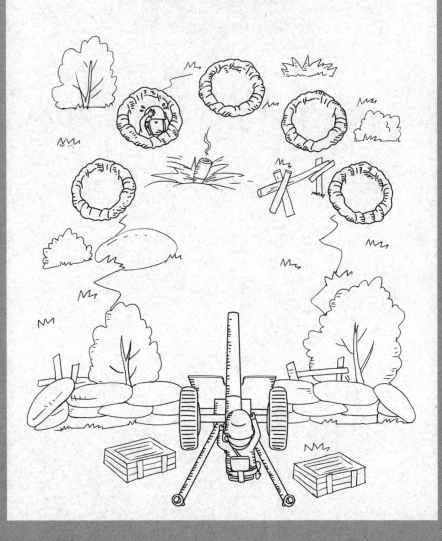

理 论 概 述

博弈论是现代数学最有用的分支之一，是由法国数学家博雷尔（Emile Borel）在20世纪20年代提出的，但是直到1926年，冯·诺伊曼才证明了博弈论中的基本定理——极小极大定理。在此基础上，他独自一人构建了博弈论的基本结构。1944年，他与经济学家摩根斯坦（Dskar Morgenstern）合作出版的经典著作《博弈论与经济行为》(*Theory of Games and Economic Behavior*)在经济界引起轰动（参阅摩根斯坦在《科学美国人》刊登的《博弈论》一文，1949年5月）。至此，博弈论已经成为集代数、几何、集合论和拓扑学①为一身的理论，被广泛应用于商业、战争、政治和经济领域的竞争格局中。

博弈论被尝试运用到各种冲突环境中，例如在冷战博弈中，国家应采用的最优策略是什么？还有如一些哲学家提出的问题：在人生的这场博弈中，黄金法则是否是使幸福最大化的最优策略？科学家又如何在与其可怕的对手大自然的对抗中发现其中的规律的呢？甚至连精神病学也未能不受影响。虽然伯恩

---

① 集合论与拓扑学集合论或集论，是数学的一个基本的分支学科，是研究集合（由一堆抽象物件构成的整体）的数学理论，包含集合、元素和成员关系等最基本数学概念。拓扑学是近代发展起来的一个数学分支，用来研究各种"空间"在连续性的变化下不变的性质。在20世纪，拓扑学发展成为数学中一个非常重要的领域。——译者注

（Eric Berne）①的交往分析疗法（通过他撰写的畅销书《人间游戏》（*Games Peo-ple Play*）推广）并没有应用到博弈论，但是明显受到博弈论方法的影响并引用了其中许多术语。

大多数的博弈都是二人零和对策，即博弈是在二人之间展开（如果参与博弈的人更多，则这个理论更为复杂），无论如何结果都是一方获胜，另一方失败。（博弈论之所以难以应用在国际争端中，是因为他们之间不是零和对策——苏联的失败不意味美国的胜利）。本章的主要目的是介绍一种有趣的二人零和纸牌游戏，它是由博弈论专家艾萨克斯（Rufus Issacs）发明的，他是约翰·霍普金斯大学的应用数学教授，曾撰写《微分博弈》（*Differential Games*）一书（John Wiley 出版公司，1965）。首先让我们快速了解一下博弈论的基本知识。

这里有一个简单的游戏，玩家 A 与 B 同时伸出一根或两根手指，然后 B 给 A 与伸出的手指数总和相等的美元。这个游戏显然对 B 不公平，因为 A 总是赢家。但是 A 如何在游戏中尽可能地赢得更多，而 B 如何尽可能地少输呢？大多数的游戏都有数不胜数的、极其复杂的策略，但是在这个游戏中，每个玩家被限制只能使用两种：伸出一根手指或伸出两根手指。因此我们可以得到如图 3.1 左边所示的 2×2"收益矩阵"。按照惯例，表格左侧显示的是 A 的两个策略，表格上方显示的是 B 的两个策略。每个单元显示的是每种策略结合的收益。因此如果 A 伸出一根手指，B 伸出两根，交叉单元中 A 的收益为 3 美元（收益总是由 B 支付给 A，即使 A 也付给 B 钱，此时 B 的收益用负号"–"表示）。

如果 A 伸出一根手指，他至少得到 2 美元，如果伸出两根手指，至少得到 3 美元。这些较小数中的最大数是 3（左下角方格所示），被称为极大极小值（从较

---

① 伯恩，生于加拿大魁北克省的蒙特利尔。美国心理学家、医生、作家，曾供职于旧金山精神分析学院，在 20 世纪 50 年代独创交往分析疗法。所谓交往分析是以人际互动为基础的心理治疗，其目的旨在从对当事人的自我心理状态分析了解后，协助其认识现实，祛除幼稚冲动，从而重建自我永续的健康人生。——译者注

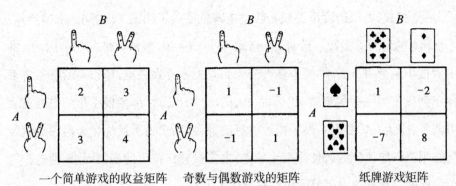

一个简单游戏的收益矩阵　　奇数与偶数游戏的矩阵　　　纸牌游戏矩阵

图3.1

少收益中选择最多收益)。如果B伸出一根手指,最多输3美元,如果伸出两根手指,最多输4美元,较大值中的最小值(仍如左下角方格所示),被称为极小极大值(从最大损失中选择最小损失)。如果一个格子既是极大极小值又是极小极大值,就像这个例子,它就被说为包含这个博弈的鞍点[①],而该博弈被称为严格确定的。

每个玩家的最优策略就是选用包含鞍点的策略。A通过总是伸出两根手指最大化他的收益,B通过总是伸出一根手指最小化其损失。如果双方都选用最优策略,B每次给A的收益均为3美元,这就是该博弈的"值"。只要每个玩家都采用最优策略,他一定会得到大于或等于"值"的收益。如果一个玩家不采用最优策略,那么总会有一个相反的策略使他得到少于"值"的收益。在这个例子中,博弈显然太简单了,双方都会本能地使用最优策略。

不是所有博弈都是严格确定的。如果把上面的手指游戏改为"奇数和偶

---

① 在微分方程中,沿着某一方向是稳定的,另一方向是不稳定的奇点,叫做鞍点。在泛函中,既不是极大值点也不是极小值点的临界点,叫做鞍点。在矩阵中,一个数在所在行中是最大值,在所在列中是最小值,则被称为鞍点。在物理上,指在一个方向是极大值,另一个方向是极小值的点。在博弈中鞍点表示所具有的确定的解,存在"鞍点"的博弈,被称为严格确定的。——译者注

数"手指游戏(类似猜硬币游戏),收益矩阵就变成了如图3.1中间的表格所示:当A和B伸出的手指数一致时,A得到1美元,不一致则B得到1美元。因为A的极大极小值为-1,而B的极小极大值为1,显然不存在鞍点,所以游戏任一方都找不到优于另一方的策略。比方说,如果A采用每次都出两根手指的策略就太愚蠢了,因为B只要出一根手指就能每次都赢。那么为了最优化策略每个玩家都必须以一定比例混合使用两个策略。确定最佳比例可能会很困难,但这个简单游戏的对称性决定了最优比例显然为1:1。

这就引出了博弈论中十分重要的一点:为了有效果,最好借助随机数生成器混合使用不同的策略。非随机混合使用策略的危险性是显而易见的:设想A交替出一根或两根手指,B就会发现规律,从而赢得每次比赛。A也可以采取不易被察觉的混合策略,但是B终究有可能发现规律。如果A尝试在大脑中随机选取策略,也会悄悄混进无意识的偏向。信息论的创始人香农(Claude Elwood Shannon)[1]在贝尔实验室工作时,与同事海戈巴格(D. W. Hagelbarger)各自建造了一台硬币游戏机,当玩家自主选择按下两个按钮的其中一个,进行人机对抗时,机器始终获胜。电脑会分析对手的玩法,发现他的非随机模式,并作出相对应的策略。由于两台电脑使用不同方法分析对手,香农这样透露,他们在"小小的赌注和大大的欢呼声中"相互较量着,(见《科学美国人》刊载的《科学与市民》,1954年7月)。在与机器的对抗中,玩家唯一能够将平均收益降到0的方法就是使用随机数发生器,例如每次在按下按钮之前,抛掷一枚硬币来决定自己按哪个按钮。

图3.1中最右侧的博弈矩阵中提供了一种非常有趣的游戏,它使用一种很

---

① 香农,出生于密歇根州的佩托斯基,美国数学家、电子工程师和密码学家。1948年,香农发表了划时代的论文"通信的数学原理",奠定了现代信息理论的基础。被誉为信息论、数字计算机理论和数字电路设计理论的创始人。——译者注

复杂的混合策略。玩家A手持一张由两张牌贴在一起的双面纸牌，正面为黑桃A，反面为红心8，玩家B也手持一张类似的双面纸牌，正面为方块2，反面为草花7。每个人选择纸牌的一面同时给对方看。如果颜色一致，A获胜，反之B获胜。每一轮玩家的收益等同于获胜一方所持纸牌的点数。

游戏看似公平（游戏的值为0），因为A能获得的收益总数（8+1=9）与B获得的收益总数（2+7=9）一致，但实际上这个游戏偏向B一方，因为只要B恰当地交替使用两种策略，每三轮游戏他就可以平均赢得1美元。此外，该游戏没有鞍点，因为对角线上的8和1都分别大于另外两个收益（一个2×2的博弈，当且仅当任一对角线上的两个数不都大于另外两个数时才存在鞍点）。因此，每个玩家必须使用混合策略。

不证明过程，我将讲述一种计算每个玩家混合策略的方法。看一下A第一行中的策略。用第一格中的数字减去第二格中的数字：1-(-2)=3，第二行同样这么做：-7-8=-15。算出分数比为15/3（忽略所有负号），即5/1。那么A的最优策略是以5:1的比例混合，即每出了5次黑桃A时，出一次红心8。骰子可以作为方便的随机数发生器，当他掷出1，2，3，4或5时，就出黑桃A；掷出6时出红心8。当然不能让对手看到随机数发生器，否则对手将会知道如何应对。

用上方数字减去下方数字可同样得到B的最优策略。第一列相减结果为8，第二列为-10。忽略负号，将第二个差放在第一个上面得到分数比10/8，即5/4，那么B的最优策略是每出了5次草花7时，出4次方块2。他可以选择用一张表格作为随机数发生器，当数字为1，2，3，4或5时，出草花7；当数字为6，7，8或9时，出方块2。

为了计算该博弈的值（A的平均收益）设从左到右，从上至下格子里的值为a, b, c, d，则博弈的值为：

$$\frac{ad - bc}{a + d - b - c}.$$

由此公式可知,这个博弈的值为-1/3。只要A选择他的最优策略,即比例为5:1的混合策略,他每场游戏的平均损失为1/3美元。只要B采用最优混合策略5:4,他每场保证能赢1/3美元。事实上每种矩阵对策,无论大小或是否有鞍点,都具有值,并且每个玩家至少可以通过一个最优策略获得这个值,这就是由冯·诺伊曼最先证明的著名极大极小定理。读者可以亲自尝试玩一玩这种2对2纸牌游戏,但是选择不同点数的纸牌,并算出每场博弈的值和最优策略。

大多数二人棋类游戏,例如国际象棋和西洋跳棋,都是由一连串交替的动作组成,直至一方获胜或者比赛双方战成平局。因为可能的过程数是巨大的,可用的策略更是庞大到不计其数,以至于无法绘制出矩阵。甚至简单得像井字游戏,也需要有着成千上万个单元的矩阵,每个单元是1,-1或0。如果一场博弈是有限的(每个玩家的行动次数是有限的,每次行动的可选择策略也是有限的),并且双方都拥有"完美信息"(在具体行动前双方都了解博弈每个阶段的完整情况),那么可以证明该游戏是严格确定的(冯·诺伊曼是第一个完成此证明的人),也就是说对于第一个选手或第二个选手而言,他至少拥有一个最优策略总能取得比赛胜利,又或双方都有最优策略保证得到一个平局。

猜纸牌游戏

几乎所有的纸牌游戏玩家都是按顺序出牌,只是他们知道的信息是不完整的。实际上,之所以把纸牌背面的图案设计成一样就是为了隐藏信息。在这样的游戏中,最优策略也是混合的。也就是说玩家在大多数或所有情况下的最佳选择都只能是概率性的,而游戏的值为极大多数玩家在长期内可能获得的收益的平均值。举个例子来说,玩纸牌有一个最佳的混合策略,虽然(正如国际象棋和西洋跳棋)它太复杂了,人们只算出了一些简化过的形式。

艾萨克斯的被他女儿艾伦命名为猜纸牌的游戏,是一款奇特的游戏,由两

个人在不了解任何信息的情况下轮流进行,而通过虚张声势来让游戏变得刺激,充分满足了复杂性,同时这个游戏也足够简单,可以进行完整的分析。

这个游戏使用从 A 到 J 共 11 张牌,J 为 11。首先洗牌,随机抽出一张牌,将其面朝下扣放在桌子中心,双方都不知道这张牌的点数,然后将剩下的 10 张牌发给双方各 5 张。游戏的目标是猜出隐藏的那张底牌,一方可以问类似"你有××牌吗?"这样的问题,另一方必须如实回答,每张牌只能被问到一次。

在任何时候,如果一方想结束游戏,他可以停止提问喊"叫牌",说出隐藏的底牌,然后翻开底牌。如果答案正确,则叫牌者获胜,反之则算他输。因此,玩家想要赢必须尽可能多地获取信息,同时尽量较少地向对方透露信息,直到他认为自己有足够把握说出正确结果。这个游戏的有趣之处在于每个玩家必须偶尔耍诈,比如问对方是否有一张自己手中已有的牌。如果一个玩家从不耍花招,那么只要他问到对方手中没有的牌时,对方立刻会猜到这张牌便是底牌——从而叫牌赢得游戏。所以唬弄对方是策略的必要部分,既是为了防守,也是为了引诱对手作出错误判断。

如果玩家 A 问到一张牌,例如 J,而回答是肯定的,那么双方都知道 B 有这张牌,由于任何一方都不会再次问到这张牌,也不会宣布它就是那张底牌,那么 J 在游戏中就不再有用,玩家 B 将其面朝上放在桌面上。

如果 B 没有 J 这张牌,他回答没有,同时他会陷入短暂的困惑。如果他认为 A 没有在唬弄他,那么他可以宣布 J 为底牌,结束游戏。如果他的猜测是正确的,则赢得游戏。如果他没有选择宣布底牌,而底牌恰恰是 J,那么 A(最初问这张牌的人)在下一轮一定会叫牌,因为他确信 J 就是底牌。因此,如果 A 在下一轮没有叫牌,就意味着他之前是在虚张声势,并且 J 就在他手上。同理,由于双方都知道了这张牌在哪里,它的使命就完成了,它被面朝上放在桌上。经过几轮之后,手中的牌逐渐减少了,实际上,选手每拿掉一张牌,都在用越来越少的牌开始新的游戏。

关于艾萨克斯对于该游戏的解答很难在这里详细陈述,感兴趣的读者可以看他刊登在《美国数学月刊》(*The American Mathematical Monthly*)(第62期,1955.2,99-108页)中的文章《虚张声势的纸牌游戏》。我在这里将仅对最优策略进行解释,并分析如何借助如图3.2所示的旋转示数盘选择策略。首先要求读者在不使用这些随机数发生器的情况下,进行n轮游戏,并且做下记录。然后在只有A使用旋转示数盘的情况下,再进行n轮游戏,接着是只有B使用旋转示数盘进行n轮(如果双方都使用随机数发生器,游戏就退化成了一场纯粹的运气赛了)。我们用这样的实验来检验策略的实效性。

可以将示数盘复印下来或者将其固定在一个长方形硬纸板上,在每个示数盘中心位置用大头针固定,并且在大头针上面挂放一枚发夹,用手指清弹发夹,使其转动起来。当然在使用示数盘时不能让对手看到,你可以选择背过身或将其放在桌子下面你的膝上使用。使用后你一定要板着一张"扑克脸",避免透露出随机数发生器让你怎么做的线索。

图3.2中上方的示数盘(示数盘1)指示你何时唬弄对方,示数盘上黑体数字代表你手中的纸牌数,其他的数字散落在示数盘上,代表了对手手中的纸牌数。假设你手中有3张牌,对手手中有2张,那么请注意看标有黑体数字3的这一圆环,转动发夹,如果它停在标记2和与其成顺时针方向的粗水平线之间,便选择唬弄对方。反之向对手提问他是否有一张他可能拥有的纸牌。

无论是问对方手中的牌,还是唬弄对方,你只需在所有的可能情况中随机选择一张牌即可。如果需要对策略进行严格地实验,你得用一个随机数发生器来做这次选择。最简单的设备便是再使用一张示数盘(示数盘3)——将一个圆11等分,标上1到11,如果图3.2示数盘1指示你唬弄对方,而你手上的牌为2,4,7和8,你反复转动示数盘3,直到卡针停在任何一个你手中所持有的点数上

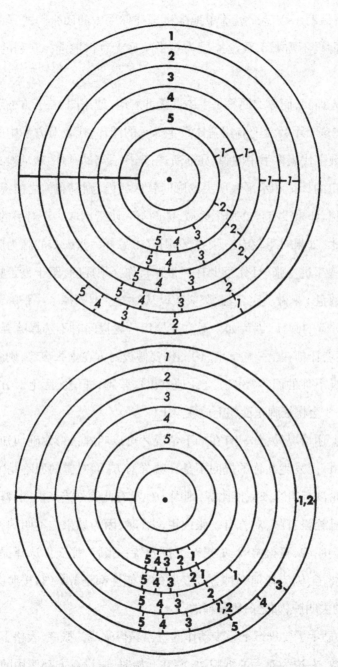

图3.2　随机旋转示数盘决定何时虚张声势(上)以及何时叫牌(下)

面。如果不借助示数盘3,就简单地随机选择你手中的四张牌的其中一张。我们也可以假设不需要示数盘3,因为对手从你无意识地选择获利的危险性微乎其微。

当对方提问,而你的回答是手中并无此牌时,使用图3.2下方的示数盘(示数盘2)。在这个示数盘上有用斜体数字标示的圆环,代表对方手中的纸牌,旁边的粗体数字代表你手中的牌。如前所述,选择适当的圆环,转动发夹,如果发夹停在特定的标记和水平线所夹的顺时针区域内,则宣布你之前提问的那张牌就是底牌。如果没有停在那个区域,你的下一步行动取决于对手的牌数是一张还是多张。如果对手仅有一张牌,你则宣布另外一张未知的牌为底牌;如果他手中的牌超过一张(且你至少有一张牌),你必须提问。至于是否唬弄对方,请转动示数盘1来做决定,但此刻应假设从对方手上去掉了一张牌,再选择示数盘1上对应的圆环。因为如果对方在最后一轮提问时不选择唬弄,你的"无此牌"答案会让他在下一轮获胜。因此你要假设对方在虚张声势,则游戏继续,在这种情况下你的回答"没有"会让他拿出这张牌,即便实际上对方要到下一步行动前,才会将纸牌正面朝上放在桌上。

除了上述情况外,你只有在如下情况才可以叫牌:(1)你确切知道底牌是什么(这种情况发生在你的提问不是在唬弄对方,而对方的回答是"没有",并且他下一轮没有叫牌来赢得比赛,则因为他没有此牌你当然能叫牌取胜)。(2)当你手中已经没有牌,对方有一张或更多牌时,因为如果你不叫牌,对方在下一轮一定会叫牌,赢得游戏。如果双方都各持一张牌,那么你选择提问还是叫牌都不重要了,因为任何一种方式获胜的可能性都是1/2。(3)按照图3.2示数盘2指示的去叫牌,如之前所解释的。

表3.1显示了要进行下一步动作的玩家赢得游戏的概率,表格上方为他手中的纸牌数,左边为对手的纸牌数。游戏开始时,假设双方都使用随机数发生

表3.1　猜测游戏获胜的概率图

玩家手里的纸牌数

	1	2	3	4	5
1	.5	.667	.688	.733	.75
2	.5	.556	.625	.648	.680
3	.4	.512	.548	.597	.619
4	.375	.450	.513	.543	.581
5	.333	.423	.467	.512	.538

（对手手里的纸牌数）

器来争取获得最好成绩,那么游戏先手获胜的概率为0.538,或者比1/2多一点。如果游戏先手每赢一次的收益为1美元,每输一次的收益为0,那么0.538美元就是这个游戏的值。如果在游戏结束后,输掉游戏的人给获胜者1美元,那么先手每1000次游戏中会获胜538次。由于他赢538美元,输462美元,他获利76美元,那么他平均每场游戏会赢76/1000美元,或0.076美元。从这些收益中看出,每局游戏的值略低于8美分。如果游戏后手不使用随机数发生器,先手获胜的机会在很大程度上会增加,正如在游戏的实证检验中所呈现的那样。

散兵坑游戏

下面是一个简单而理想化的战争游戏,艾萨克斯用它来向军事人员解释混合策略。游戏的一方,士兵可以选择躲藏在图3.3所示的5个散兵坑中的任一个。游戏的另一方,炮手可以选择向A、B、C、D四点中的任意一点开炮。如果士兵躲在临近炮点的两个坑的任意一个中,他就会被炸死,例如,如果士兵躲在2或3号散兵坑中,向B点开炮就是致命的。

艾萨克斯在书中写道:"我们可以发现采用混合策略的必要性,士兵可能会这样推理,'最边上的坑只会受到一面攻击,而中间的坑两面都有被攻击的

43

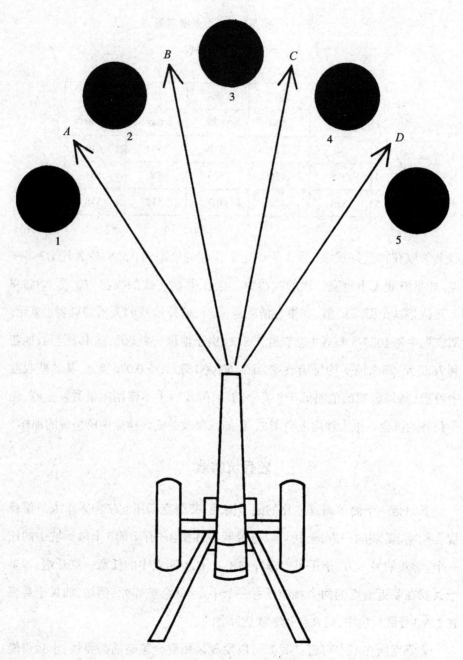

图3.3 散兵坑游戏

可能,因此我会选择躲在边上的一个坑中'。不幸的是炮手也许会预测到士兵的推理并瞄准A或D。如果士兵怀疑炮手会那样做,他会选择躲在中间的坑中,但是炮手,也许还是会更胜一筹,猜到士兵会想到他的想法,因此他瞄准中间。这些反复算计对手的尝试只会导致混乱,玩家唯一可以蒙蔽对手的方法就是运用混合策略。"

假设如果炮手炸死了士兵他的收益为1,未能炸死士兵他的收益为0,则游戏的值与炸死士兵的概率相同。那么士兵与炮手的最优策略是什么呢?游戏的值又是多少?

答　案

艾萨克斯的散兵坑游戏中,士兵可以躲避在5个散兵坑的任意一个中,炮手可以向相邻的两个散兵坑中间的A、B、C、D四个点任意一个开火。有这样一款等价的纸牌游戏,共5张牌,其中只有一张是A。一个玩家将5张纸牌正面朝下摆成一排,另一个玩家翻开任意两张相邻的牌,如果有一张是A,则获胜。

艾萨克斯在书中写道:"你可以很容易地写出这个游戏的一个4×5的矩阵并且运用教材中介绍的常见步骤。但是只要有了一点经验,玩家就学会了在像这样的简单游戏中推测答案并且证明它。"

士兵的最优混合策略是只躲在1,3,5号坑中,选择每个坑的概率为1/3。炮手可以从无限的最优策略中选择任意一个。他设定A的概率为1/3,D的概率为1/3,B和C的总概率为1/3(例如,B和C的概率分别为1/6,或者B和C其中一个的概率为1/3,另外一个为0)。

为了证明这些策略为最优策略,看一下士兵的生还概率。如果炮手瞄准A,那么士兵的幸存概率为2/3,炮手瞄准D时,情况也相同。如果炮手瞄准B,只有当士兵躲在3号坑时才会被击中,所以,士兵逃过一劫的概率还是2/3。炮手瞄准C时,情况也是相同。由于每个独立的选择都会让士兵有2/3的概率生还,所以无论炮手怎样选择,士兵的生还概率皆为2/3。因此士兵的策略保证其生还概率至少为2/3。

下面看一下炮手的策略。如果士兵躲在1号坑,他被击中的概率为1/3,如果士兵躲在2号坑,只有当炮手瞄准A或B时,他才会被击

中,所以士兵被击中的概率为1/3加上炮手选择B的概率。如果士兵躲在3号坑,只有当炮手瞄准B或C时,他才会被击中,所以士兵被击中的概率为炮手选择B和C的总概率1/3,因此士兵被击中的概率为1/3。如果士兵躲在4号坑,他被击中的概率为1/3加上炮手选择C的概率。如果士兵躲在5号坑,被击中概率为1/3。因此炮手的策略保证其击中士兵的概率至少为1/3。

假设炮手击中士兵时的收益为1,未击中时为0,则游戏的值为1/3。炮手拥有无限可供选择的策略,保证他击中的概率至少为1/3。如果面对一个愚蠢的对手,他的击中概率可能会更高些,但是如果面对一个聪明的对手,他就不能指望高于1/3了,因为我们已经知道士兵的策略能让他被击中的概率降低到1/3。从士兵的立场也得到同样的证明。通过最优策略,他的收益保持在1/3,因为炮手的策略使得击中的概率至少为1/3。作为进一步的练习,读者可以尝试去证明一下除了上面提到的策略,别无其他更好的最优策略。

艾萨克斯还写道:"猜测解决方案的过程并不像大家看上去那么难,如果不信,读者可以将解答推广到有n个散兵坑的相同游戏。如果n为奇数,之前的解答显然可以延用;但如果n为偶数,你会遇到些新问题。"

第 **4** 章

阶乘的怪事

数学公式,尤其是组合公式中,有时零星分布着的感叹号,它们可不是用来表达惊讶,它们是运算符号,叫做阶乘。一个整数后面跟着一个阶乘符号,或者这样一个数字的表达式,都表示这个数字要与比它小的所有整数数字相乘,例如4!,读作4的阶乘,就是4×3×2×1的乘积(在旧版教材中,n的阶乘用$\lfloor n$表示)。

为什么阶乘在组合数学和概率论中如此重要,它们如此倚重组合公式?答案很简单,n的阶乘代表n个对象的不同排列方式。想象一下面前有4把椅子排成一排,那么4个人共有多少种不同的排座方式呢?有4种不同的排法来坐第一把椅子,对于其中任一种,都有3种排法坐第二把椅子,所以前两把椅子的排座方式有4×3,12种,以上的任一种方式中,第三把椅子的排座方式有2种,这样前三把椅子的排法有4×3×2,即24种。在以上这任意24种例子中,只剩下一个人被排在第四把椅子上。所以四把椅子不同的座位排列总数为4!,即4×3×2×1=24。

同样的方法可以推理出52张纸牌有52!种不同的方式堆成一叠,一个以806581…开始的68位数。

一位桥牌选手被发到13张黑桃的概率是多少呢?我们首先要确定玩家可以拿到多少手不同的牌。由于发牌的顺序无关紧要,我们想知道的不是排列,而是52张纸牌中有多少种13张牌的不同组合。从 n 个元素中一次取出 r 个的组合公式是 $n!/r!(n-r)!$。当 $n=52$，$r=13$，得到 $52!/(13!×39!)$，算得结果为 635 013 559 600。因此，每 635 013 559 600 手牌中，选手会有一次被发到13张黑桃，而他得到13张同一花色，不一定是黑桃的纸牌的概率是这个的4倍，即 1/158 753 389 900。而四位选手中任一位被分到这样一手牌的概率略小于之前那个数字的四分之一(不是恰好等于其四分之一，因为我们要考虑到一点，即四位选手中的两位或更多的选手都各有一手同花色的牌)。这个概率依然低得惊人，1/39 688 347 497，由它可以总结得出全世界一些报纸一年一度关于同花顺的报道不是误报、骗局，就是庄家恰好拿到一副新牌(一次切牌不会打乱原来牌的顺序)。说来也奇怪(正如加拿大统计学家格里得曼(Norman T. Gridgeman)指出的那样)，对四位选手同时发到同花顺的报道频频出现，但是可能性比它高数百万倍的两位选手拿到同花顺的报道却**寥寥无几**。

从这些基本的例子就很容易看出，用阶乘符号来表示巨大的阶乘要比写出完整的数字简单得多。事实上，阶乘的大小以非常迅猛的速度增长(见图4.1)，在高速运转的计算机出现之前，除了有些人费心算出来的较大的阶乘外，人们所知道的最大阶乘只到大约300!。

请注意图4.1中7!=5040，一个非常有趣的数字。柏拉图在他的《律法》(Laws)第五卷中把这个数字描述成一个理想国的公民总数。他的论据是5040有着不同寻常的大量因子(共59个，包括数字1，但不包括5040)，有利于对人口总数进行有效划分以满足税收、土地分配和战争等目的(柏拉图当时大概没有意识到7560和9240都各包含63个因子，是一个四位数或四位以内的数字所能包含的最多因子数。读者想更多了解柏拉图的数字论，参见《矩阵博士的魔法数》(The Magic Numbers of Doctor Martix)[①]。

---

① 上海科技教育出版社2001年出版。——译者注

$$0! = 1$$
$$1! = 1$$
$$2! = 2$$
$$3! = 6$$
$$4! = 24$$
$$5! = 120$$
$$6! = 720$$
$$7! = 5,040$$
$$8! = 40,320$$
$$9! = 362,880$$
$$10! = 3,628,800$$
$$11! = 39,916,800$$
$$12! = 479,001,600$$
$$13! = 6,227,020,800$$
$$14! = 87,178,291,200$$
$$15! = 1,307,674,368,000$$
$$16! = 20,922,789,888,000$$
$$17! = 355,687,428,096,000$$
$$18! = 6,402,373,705,728,000$$
$$19! = 121,645,100,408,832,000$$
$$20! = 2,432,902,008,176,640,000$$

图4.1 0-20 的阶乘

更高阶的阶乘可以用斯特林公式来取近似值,该公式是以18世纪苏格兰数学家斯特林(Jarnes Stirling)的名字命名的,公式表示为:

$$n! \cong n^n e^{-n} \sqrt{2\pi n}$$

这是一个奇妙的公式,包含两个大家所熟悉的超越数π和e。此公式的"绝对误差"(一个阶乘的真值与近似值的差)随着阶乘的增大而增大,但是"误差百分比"(绝对误差与真值之比)却稳步降低。

出于实用目的,这个公式已经能够给出高阶阶乘的极佳近似值了,但数学家们渴望着准确值。这好比登山者想要攀登到山顶,太空探险家想要登上月球一样,"因为它在那吸引着我",武装了计算机武器的数学家也难以抑制心中的渴望去探索天文数字的"外太空"(精确到何种程度,我们可以认为一个从未被计算过的阶乘"在那儿"呢?数学家出于对数学不同的理解给出了不同的答案)。通过用计算机监控和分析信号,使得近距离观察月球和火星表面成为可能。也是那些同样的计算机让我们可以仔细观察巨大阶乘,这些天文数字几个世纪来都模糊不清,在人们的认知之外。

上面这段评述来自明尼阿波利斯数据控制研究院计算机应用部负责人史密斯(Robert E.Smith)的一封信。信中他写到他正在探究阶乘的奥秘,突然有了一个奇妙的想法,如果将一个庞大的阶乘数写成圣诞树的样子印在他的圣诞卡片上那该多有趣啊!当然这需要用计算机在树的顶端打一个数字,然后下面一行三个数字,接着一行五个数字,以此类推。是否有这样一个阶乘,其位数刚好能打印出一棵完美的圣诞树呢?当然有,有无数个。例如图4.1中就是一个,12!,有9位数,刚好可以打印成如下的树形:

4

790

01600

一个树状阶乘的位数显然必须是无限序列1+3+5+7+…的部分和。只要扫一眼下面点的方阵就可以知道,所有这样的和都是完全平方:

1+3+5+7+…

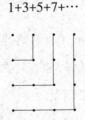

因此,史密斯的任务是用计算机编写程序搜索位数为平方数的大型阶乘,然后并不把它们写成正方形而是以每行1,3,5,7,…个数字的树形打印出来。

他成功了!计算机检测了近1000!以内所有的阶乘(还有几个比这更大的阶乘),结果发现了20个小于1000!的阶乘,其位数为平方数(见图4.2)。

注意从史密斯的计算机中打印出来的105!,最后一行的数字都是0(图4.3),如果读者仔细研究数列1×2×3×4×…,会发现每乘以一个以5结尾的数字,其乘积数将会增加一个或更多零;每乘以一个或多个零结尾的乘数,则其乘积末尾的零会额外增加。由于这些尾零在继后的相乘中不会消失,它们是累积的。随着阶乘数越大,在其尾端零始终如一地越堆越多。105!就有一条25个0组成的"尾巴"。将斯特林公式应用于105!,得到

阶乘	位数
7	4
12	9
18	16
32	36
59	81
81	121
105	169
132	225
228	441
265	529
284	576
304	625
367	784
389	841
435	961
483	1,089
508	1,156
697	1,681
726	1,764
944	2,401

图4.2 1000!以内的树状阶乘

```
              1
            081
          39675
        8240290
      900504101
    30580032964
  9720646107774
 902579144176636
 57322653190990515
 3326984536526808240
 3397763989347202 9657
 993872907813436816 09728
 0000000000000000000000000
```

图4.3 计算机打印105!
的树状图形(169位数)

一个以1081开始,后面有165个0的近似值。当我们把这个近似值与图中的精确值相比较时,用史密斯的话来说就是,"用斯特林公式计算大型阶乘就好比让盲人用一只手摸几下象鼻,再用另一只手摸一下象尾巴,却要他想象出大象的外形"。

"出乎读者意料的是,"史密斯继续讲道,"计算机不能一次性计算

出超大阶乘的结果。也就是说，一台计算机的地址容量很快到达其上限，不能采用普通计算机算法。"所用的技巧，他解释了，就是使用数个内置的"贮藏库"，每一个都能容纳结果的t位数字。"每完成一次乘法运算，每个'贮藏库'中超出t位数的数字就被移至紧邻着它的左边的'储藏室'内。最后计算机将"贮藏库"内所有的数字组成的阶乘结果打印出来。"这个程序的完整解释可以参见史密斯的《FORTRAN语言基础》(*The Bases of FORTRAN*)一书，1967年由数据控制研究院出版。图4.4的另一个超大树状阶乘就是用这种方法算出的。

```
                        5
                       119
                      90692
                     7755879
                    266003615
                   25819185379
                  798436677298
                 470133958906714
                460111746339964398
               58391122331657772956
              5484961662549355516795
             14565079522586776608012
            642348904566214745312634э
           82579003643715864326648200с
          88113505694169242439291215з9
         799512332068020538814982953672ц
        6975465893381051200200056747051d5
       28641409978978956631666048452253922
      218213932209126088971171021750093d59в
     65954648792945921473500720076910566773б
    5407428954865565997722620054016033505813т
   836538422355107140714910988358127365889227⁹5
  511456641421254773049078530733844848887840⁹0
 750309628759125095219995252925983598880866423952
393120411181828097921354477764475153843520⁸774дⓞ3
0884771160322223651164439419220002073567325180151958
35354728897604905269289015307797618984464654242934912
7882734798256169555312161070502714012594598752495⁰8169
44001332739531688700083391176448328498761907508834797786
47371145157918046252226969546616811434034618157929⁶827319в
25456256137050498342385445577026945363852921453460803360714з4
28916011172084901890324904752912842288667764267877861568498090
429644800000000000000000000000000000000000000000000000000000000
00000000000000000000000000000000000000000000000000000000000000
```

图4.4　508!树状图（1156位数）

当一个阶乘的位数刚好等于两个相邻平方数之和时，例如35!，其位数是$4^2+5^2=41$，可以打印出一个钻石形状的图像。只需简单地将4^2位数的小型树状

阶乘倒过来放在 5^2 位数的大型树状阶乘下面即可。

$$1$$
$$033$$
$$31479$$
$$6638614$$
$$4929\ 6665$$
$$1337523$$
$$20000$$
$$000$$
$$0$$

我将中间一个数字空了出来，给读者留了个小问题，使用到一个大多数会计师都知晓的小窍门，这本书的读者也都应该知道，不需要进行任何乘法运算就能快速找到那个不见的数字。

我们还可以将某些特定的阶乘用其他基础几何图形打印出来。史密斯的电脑将 477! 打印成一个六边形，每条边都由 17 个数字组成（如图4.5）。最令读者叹为观止的是，史密斯将一个超级庞然大物 2206!，打印成了一个八边形（如图4.6）。如果 50 年前有人预言在本世纪结束前这个阶乘就能完整地、一个数字接一个数字地写出来，大多数数学家肯定会嘲笑这个荒谬的预言。

阶乘，正如人们所期待的那样，与素数密切相关。在很多将二者联系起来的优美公式中，最著名的是威尔逊定理，以 18 世纪英国法官威尔逊爵士（John Wilson）的名字命名的，他早年在剑桥上学时，偶然发现了这个公式。（后来提出莱布尼茨知道这个公式。）威尔逊定理说，当且仅当 n 为素数时，$(n-1)!+1$ 能被 n 整除。例如，如果 $n=13$，那么 $(n-1)!+1$ 就是 $12!+1=479\ 001\ 601$，显然 12! 不是 13 的倍数，因为 13 是素数，并且 12! 的因子不包括 13 和 13 的任何倍数。但是

```
          171089725889718074
         1439528307936299026
        08076545554532458183
       43255130543516432376912
      46637919111196578608220 0
     36734049564234861371774 611
    38104459104482535212494659899
   52250 9402598873366451131040234
  24013049368985267957359091851929 0
 66647636392705738600295487428650940
05351035385245963947435955317280016 3
08378394847457819562128369111565870 5000
40781396853030778257813849856692950471963
50893280185737257555341941193968132333357487
70973750927141300732417102035051697754984 3435
61187933295519151457453789138048055187827977590
77500078557951398174960782704627616131251774 0579
97170554688530368903609580639924108660115 2997
02079022688820308710153365391580604172265343 0
03776424346514243256012459170310008864397 4
86942002854170097571338930915447098888372
33302465725163744127628029618848340 8232
27231950140389518515206343226226126 6
12431271509190879459978732133255390
60141383337928181463902361544303 6
23383688617988562600505528 1204
22598617062894203619648023806
80964383283609600000000000000
00000000000000000000000000
000000000000000000000000
0000000000000000000000
000000000000000000
000000000000000000
```

图4.5 477！打印成的六边形（1073位数）

令人吃惊的是，仅仅在后面加上一个1，就创造出一个能被13整除的数字。尽管威尔逊定理不是检测素数的有效方法，它仍然是数论历史中最美丽、最重要的定理。

关于阶乘有许多表达简洁但非常难解的问题至今仍未被解决。例如没有人知道，一个有限或无限阶乘加上1是否会变成素数，又或者有多少阶乘加上1后成了平方数（我们现在考虑的是数字本身，而不是其位数）。早在1876年，

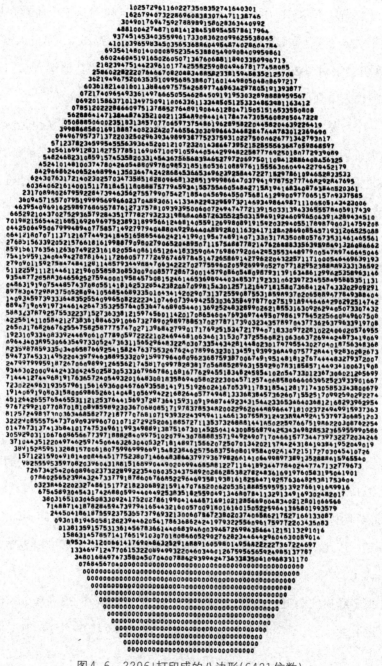

图4.6 2206!打印成的八边形(6421位数)

法国数学家布罗卡尔(H. Brocard)就猜想只有4!,5!和7!这三个阶乘在加上1后变成平方数,贝勒在《数论妙趣》(*Recreations in the Theory of Numbers*)中讲到,计算机经过对1020以内的阶乘进行了检查没有找到其他解,但是布罗卡尔的猜想仍未得到证实。

当一个数是n个阶乘的乘积时,我们很容易发现它本身其实也是阶乘,但如果作为乘数的阶乘是等差数列甚至是相邻的数字时,我们就很难察觉这个乘积是阶乘了。目前只发现4个连续的等差数列阶乘的例子:0!×1!=1!,0!×1!×2!=2!,1!×2!=2!,6!×7!=10!。

这里必须解释一下,前两个式子中出现的0!其值被定义为1,尽管1!的值同样为1。严格来讲,0!是无意义的,但是将其设定为1,很多重要的公式才能成立。基本恒等式$n!=n(n-1)!$可以理解为$n!$等于其前一位整数的阶乘的n倍,当0!=1时,这个恒等式对于所有的正整数n成立。想一下前面提到过的公式$n!/r!(n-r)!$,如何用这个公式算出两个对象一次同时拿走两个,共有多少种组合?答案当然是1,而且只有当0!为1时,这个公式才会得到此答案,如果0!为0,这个公式就会变得无意义,因为这化简得除数为0。牛顿发现的著名二项式定理也是一个经典例子,只有0!定义为1时,这个基础的公式才会成立。

能否找到一些整数它刚好等于其各个位数的阶乘之和?这个离奇的问题最近已经有了答案,共有4个解。有两个是平凡的:1=1!,2=2!。最大的一个数字是1964年由简斯(Leigh Janes)在休斯敦用一台计算机算出的:40585=4!+0!+5!+8!+5!。读者朋友们,你们能找到剩下的那个解吗?它可以表示为$A!+B!+C!=ABC$,每个字母代表一个不同的数字。

在很多经典的消遣问题中,阶乘都给出了优美的解答,我挑选了一个图论中的问题介绍。有一个人住在矩形城市街区(见图4.7)的左上角,他工作的办公室在右下角。

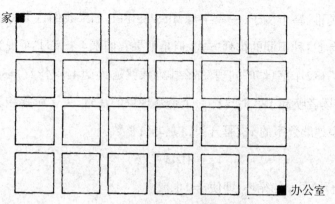

图4.7 与阶乘有关的路线趣味题

去工作的最短路径显然为10个街区。但是由于厌倦了每天都走相同的路线,他开始变化不同的路线。那么究竟有多少种不同的路线长度为10个街区连接两个端点呢?在任意矩形街区中,最短距离连接对角的不同路线数的简洁公式是什么?(这里给读者一些提示,在 n 个对象中,如果有 a 个对象相同并且剩余的 b 个对象也相同,那么 n 个对象不同的排列或置换数为 $n!/a!b!$ 。)

• • • • • • • 补 遗 • • • • • •

本章结尾提到的公式是重要的一段公式中的一个特例。n 个对象中,有 a 个对象相同,剩余中的 b 个对象相同,再剩余中的 c 个对象相同,以此类推,其不同的排列数为:

$$\frac{n!}{a!b!c!\cdots}$$

这个公式很好理解。n 个不同对象的排列数为 $n!$,如果其中有 a 个对象相同,它们无论如何排列都没有区别,所以我们除以 $a!$,以去掉相同的 a 个对象产生的相同排列。同理,我们除以 $b!$,以去掉因为相同的 b 个对象产生的相同的排

61

列,以此类推。举个例子,一串字母MISSISSIPPI,如果我们认为每个字母都是独立的,有11!种不同的排列方式。但是如果我们把4个字母"I"视为相同的,4个字母"S"和2个字母"P"同理,那么排列数就是11!/(4!×4!×2!)=34650种。

许多读者唤起了我对这样一个奇怪现象的注意,关于阶乘和有限差的运算。以一串连续数字的n次幂开头,n是非负整数:

$$1^n 2^n 3^n 4^n 5^n 6^n$$

第n行差是n!的循环,即使$n=0$也成立。

博因顿(Donald E. Boynton),卡斯尔斯(James Cassels)和海军少将哈彻(Robert S. Hatcher)各自提供如下简单方法计算任意阶乘末尾数字0的位数。此方法似乎不太为人知。如果一个乘数能被5整除,但不能被5^2整除,那么乘积末尾会有1个0;如果能被5^2整除,但不能被5^3整除,乘积末尾就会有2个0;如果能被5^3整除,但不能被5^4整除,乘积末尾就会有3个0,以此类推。因此,要想知道n!末尾0的位数,可以用5去除n,去掉余数,然后将得到的商数再除以5,去掉余数,重复这个过程,直到得到的商小于5。最后将所有的商相加就是这个阶乘末尾0的位数。例如,图4.6中的2206!末尾有549个0。2206重复被5整除后(去掉余数),得到的商数分别为441,88,17和3,相加之和是549。

计算一个大型阶乘末尾最后一个非零数字的问题,可能要用到更为复杂的算法。我把这个难题留给对此感兴趣的读者们。例如,1000!末尾最后一个非零数字是几?

要找到钻石状的阶乘中间那个缺失的数字很容易，回忆一下每一个9的倍数都有一个9的数字根，如果将此倍数的各个位数连续相加，在逐次求和过程中用舍九法，最后得到的数字一定是9。任何大于5!的阶乘都是9的倍数，因为6!含有因数3和6，并且3×6=18，是9的倍数。因此，要找到比5!大的阶乘中任何一个缺失的位数，只要找到这个残缺阶乘的数根，再用9减掉这个数根，就是缺失的位数了。如果这个残缺阶乘的数根是9，那么缺失位数非0即9，但这个例子中的钻石状阶乘的数根是3，因此毫无疑问，中间丢失的位数是6。

上一种解法还有不确定性，丢失的位数可以用另一种类似的简单方法找到，就是看这个阶乘能否被11整除。所有大于10!的阶乘，显然都是11的倍数。如果一个数是11的倍数，那么这个数的偶数位数字之和，要么等于奇数位数字之和，要么两个和相差11的倍数。这个方法能有效验证任何10!以上阶乘中缺失位数。

$A!+B!+C!=ABC$，这个问题独一无二的答案是1!+4!+5!=145。有个证明表明1，2，145和40585是仅有的几个正整数，其各个位数的阶乘之和刚好与其本身相等，详见普尔（George D.Poole）的《正整数与其各个位数阶乘之和》（《数学杂志》第44卷，1971年11月，278-79页）。

要想找到矩形城市街区两对角间不同的最短路径数，考虑长 a 个街区宽 b 个街区的矩形区域，连接两对角的最短路径为 $a+b$，把这个和记为 n。每条长度为 n 的对角路径可以表示为一串 n 个字符，其中

a 个字符相同(a 代表向着目的地横向移动一个街区),剩下的 b 个字符也相同(b 代表向着目的地纵向移动一个街区)。如果用一个一分硬币代表横向移动一个街区,用一个一角硬币代表纵向移动一个街区,那么不同的路线数等于 a 个一分硬币与 b 个一角硬币的不同排列方式总数。每条不同的路线都一一对应于 n 个硬币的一种排列方式,n 个硬币的每一种排列方式也对应于一条路线。

提示信息就是公式 $n!/a!b!$,n 个对象排成一行的不同排列方式,其中 a 个对象相同,剩余 b 个对象也相同。矩形长 6 个街区,宽 4 个街区,因此,计算不同路线数的问题与计算 6 个一分硬币和 4 个一角硬币的不同排列数问题同构。答案是 $10!/(6! \times 4!)=210$。

如果读者从左上角开始,标记出不同最短路径的每一个交叉点,就会发现这个问题与我在《歪招、月球鸟及数字命理学》(*Mathematical Carnival*)(美国数学协会,1989)第十五章所讨论的帕斯卡三角形一致。从三角形的顶点开始,沿着三角形一条边移动 6(或 4)步,然后转向沿着另一条对角方向移动 4(或 6)步,就得到了答案 210。

第 5 章

鸡尾酒杯中的樱桃
和其他问题

1. 鸡尾酒杯中的樱桃

这是一个罕见的、令人愉快的智力游戏,如果你采用正确的方法,就可以立即解决它。但是它巧妙的设计会把你的思路误导向错误的试验模式。聪明的人们在经过20分钟的努力后,会最终得出结论——无解。

将4根火柴摆成如图5.1所示的鸡尾酒杯。问题是如何仅移动2根火柴,使酒杯改变开口方向,并且使樱桃移到酒杯外。必须改变酒杯的开口方向但是空

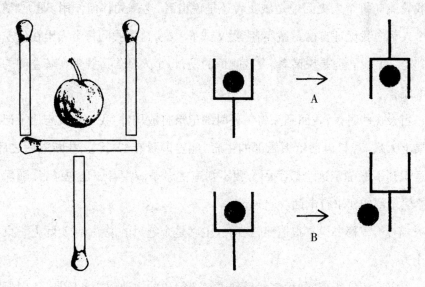

图5.1 令人迷惑的曼哈顿鸡尾酒

67

酒杯的形状必须与图示一致。图示A表明了如何移动2根火柴使酒杯开口朝下。但是由于樱桃仍留在杯中,未能解决问题。图示B表明了清空酒杯的方法,但是也未能解决此题,因为移动了3根而不是2根火柴。

2. 纸立方

从一个边长为3英寸的正方形纸剪下一个图形,将其折起包住一个立方体的所有六个面,能包住的最大立方体体积是多少?(当然,该图形必须是一整片。)

3. 在TL俱乐部吃午餐

TL俱乐部的成员要么是诚实者,每当被提问时总是回答真话;要么是说谎者,每当被提问时总是撒谎。当我第一次参观该俱乐部时,发现所有成员都是男士,围着一张大圆桌吃午餐。从他们的外表无法区分诚实者和说谎者,因此我轮流向每个人提问他是诚实者还是说谎者,这毫无任何作用。理所当然,每个人都向我保证自己是诚实者。我又试了一次,这次我问每个人坐在他左侧的邻居是诚实者还是说谎者。令我吃惊的是,每个人都告诉我坐在其左侧的人是说谎者。

当天晚些时候,我回到家将午餐时的记录打成稿件,我才发现忘记了记录圆桌上人数。我打电话给俱乐部的主席,他告诉我有37个人。挂断电话之后,我意识到不能确定这个数字因为我不知道主席是诚实者还是说谎者。随后我又给俱乐部的秘书打电话。

"不,不,"秘书说,"很遗憾,我们的主席是个绝对的说谎者。实际上一桌共40个人。"

我应该相信哪个人?我突然想到了一个简单的方法解决此问题。读者们能

否根据现有的信息,确定圆桌上有多少人吗?此题源自苏黎世物理学家约霍(Werner Joho)的一个建议。

4. 一场公正的财产分割

有两个兄弟继承了一群羊。他们把羊卖了,每只羊卖得的钱数和羊的数目一样多。卖羊的钱都是一张张 10 美元的整钞,多出来少于 10 美元的部分都是以硬币支付。他们两个人开始分钱,把钱摊在桌子上,每个人轮流拿一张 10 美元,直至分完。

弟弟抱怨说"这不公平,你先拿的,又拿走了最后一张 10 美元,所以你比我多了 10 美元。"

为了较为公正地分割财产,哥哥把所有的硬币都给了弟弟,但是弟弟仍然不满意。他争辩道"你给我的钱不到 10 美元,你还是欠我钱。"

"好吧,"哥哥说,"要不要我给你开一张支票,这样我们分到的钱数就能完全一样。"

他这样做了,那么支票的面额是多少?题中的信息看似不足,尽管如此,已能够解决这个问题。

罗格斯大学的化学家沃尔(Ronald A.Wohl)用在一本法语书上看到这个极好的问题,吸引了我的注意。随后我在自己的文件中发现了一封来自密歇根大学退休数学家科(Carl J. Coe)的信,他讨论了几乎相同的问题,他说 1950 年代他就此问题问过他的同事们。我怀疑这个问题仍未能广为人知。

5. 三点连线游戏

井字游戏的棋盘可以被看成 9 个棋子三个连成一线,共可以组成 8 条线。但是,用 9 个棋子三个成一线,组成 9 条或 10 条线也是有可能的。格拉斯哥的

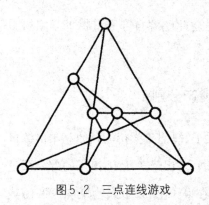

图5.2　三点连线游戏

奥贝恩(Thomas H. O'Beirne),《困惑与悖论》(*Puzzles and Paradoxes*)(牛津大学出版社,1965年)的作者,尝试了拓扑结构不同的九线棋盘,想要看看其中是否有适合井字游戏的。他发现在除了图5.2中所示一种外,在所有规则布局中,先手有些微弱的优势可以取胜。

玩三点连线,奥贝恩这样称该游戏,一方可以使用4个一分的硬币,另一方使用4个一角的硬币。先手只能走四步。两个玩家轮流将硬币置于棋盘的一个点上,最先将他的三个硬币连成一条直线的玩家获胜。如果两个玩家都使用最佳策略,这个游戏会是先手获胜还是后手,还是像井字游戏一样出现平局?

杜瓦特(Harold L.Dorwart)在他的《关联几何》(*The Geometry of Incidence*)一书,及他的立体拼图工具包的说明手册《结构》(*Configurations*)中,现在可从逻辑游戏WFF'N PROOF研发者得到,生动地阐述了此类结构在现代几何中所扮演的角色。除了拓扑学和组合学性质,此处所示图形有一个特殊的度量结构:每条由三点连成的一线都被其中点分成两段,两段长度之比为黄金比例。

6. 朗福德问题

许多年前,苏格兰数学家朗福德(C.Dudley Langford)正在看他的小儿子玩彩色积木。每种颜色的积木有两块,小男孩将其按照如下的方法把六块积木堆成一列。两块红色积木中夹一块积木,两块蓝色积木中夹两块积木,两块黄色积木中夹三块积木。用数字1,2,3代表三种颜色,则积木序列可以表示为312132。

这是将六个数字排成一列(反向排列不算另一种答案),两个1之间有一

个数字,两个2之间有两个数字,两个3之间有三个数字这个问题的唯一答案。

朗福德用四对不同颜色的积木尝试了同样的任务,发现也有唯一一种解法。读者你们能找到这个方法吗?研究此问题的一个简便方法是利用八张扑克牌:两张A,两张2,两张3,两张4。目标是将它们排成一排,两张A中隔一张牌,两张2中隔两张牌,以此类推。

五对或六对牌的"朗福德问题",现在它叫这名字,没有解。七对牌的朗福德问题,有26种独立的解法。除了让人精疲力竭的试错法以外,对于一个给定多少对牌的朗福德问题来说,没有人知道如何确定有多少独立解。但是读者可能会找到一种简单的方法确定解的个数,如果真有解的话。

7. 交叠正方形的面积

1950年,当洛杉矶城市学院名誉院长特里格(Charles W.Trigg)在编辑《数学杂志》难题栏目时,他介绍了一个很受欢迎的部分叫做"捷径"。特里格随后解释道,"捷径"指的是"一个题目可以用很费力的方法解决,但是只要有适当的洞察力,就可以迅速解决"。他1967年出版的《数学捷径》(*Mathematical Quickies*)(1985年由多佛出版社再版)一书收集了他作为一个难题专家在其杰出的事业生涯中遇到或创造出来的270个最棒的捷径。

特里格书中的一个捷径(见图5.3),有一个边长为3英寸[①]的小正方形和边长为4英寸的大正方形。角D位于小正方形的中心。将大正方形绕着D点旋转,直到与小正方形的边相交的B点恰好将AC三等分。你可以多快计算出两个正方形交叠部分(阴影所示)的面积?

---

① 1英寸相当于2.54厘米。——译者注

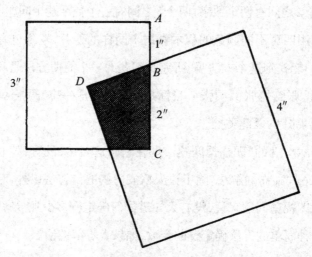

图5.3 交叠部分(阴影所示)的面积是多少?

8. 费尔蒂利亚①的家庭

有三个女孩的家庭可以再生一个,

于是他们有五成的概率将这个数字变成四。

生了男孩的家庭就不再继续。

因此剩下的都是女孩(证完)。

这个里查森的"给科学家们的短诗"选自企鹅丛书《更有趣奇妙诗歌》(*Yet More Comic & Curious Verse*),由科恩(J. M. Cohen)汇编。上述表达的思想是否合理?

尽管这是统计学中常见的谬误,答案是否定的。伽莫夫(George Gamow)与斯特恩(Marvin Stern)在其著作《智力游戏—数学》(*Puzzle-Math*)中讲述了一位苏丹为了增加他国家中女眷的人数,颁布了一条法令,禁止生育了第一个儿子的母亲再生孩子;而只要一个母亲生的一直是女孩,就可以继续生育。苏丹

① 费尔蒂利亚是意大利著名的港口城市。——译者注

解释道,"将会出现一个母亲四个女孩一个男孩;十个女孩和一个男孩;也可能只有一个男孩。这会显著地增加女子和男子的比例。"

正如伽莫夫及斯特恩明确指出,根本就不是那回事。假设所有的母亲都只生了一个孩子。其中有一半是男孩,一半是女孩。生了女孩的母亲将再生一个孩子,同样还会是一半男孩,一半女孩。其中有一半母亲再生第三个孩子,同样,男孩和女孩的人数相同。不考虑生育的次数以及家庭的大小,显然,性别比例将会保持1:1。

这使我们想起了华盛顿的古尔德(Richard G. Gould)曾经提出的一个统计学问题。假设苏丹的法律有效,在费尔蒂利亚的父母亲有足够的生育能力并且十分长寿,能够一直生到他们有一个儿子为止,每次生男孩的概率为50%。从长期来看,费尔蒂利亚家庭的平均人数是多少?

9. 圣诞节和万圣节

证明 Oct. 31 = Dec. 25(由格罗姆提出)。

10. 给绳子打结

取一根长约5.5英尺的晾衣绳。将绳子的两端各打一个结形成如图5.4所

图5.4　用于打结问题的绳子

73

示的环。每个环都足够大，你的手可以穿过去。当两个手腕上各绕一个环，绳子拉在中间，你能否绕过手腕在绳子中间打一个单平结。你可以随意调整绳子，但是不可以将手腕上的环松下来滑出你的手腕，也不能切断绳索或破坏已经打好的结。这个戏法除了魔术师以外少为人知。

答　案

1. 图5.5展示了如何移动两根火柴，改变鸡尾酒杯的开口方向并且将樱桃移出酒杯。

图5.5　火柴问题的解

2. 如果不允许纸交叠，则从一张边长为3英寸的正方形纸上裁下来的图形可以折叠成的最大立方体边长为 $\frac{3}{4}\sqrt{2}$，如图5.6所示，沿着虚线折出该图形。

但是,我在阐述此题时并没有禁止交叠。这并不是一个疏忽,只是我没有想到纸张交叠将会产生一个比上述更好的解,也是本题唯一的解。威斯康星大学数学家哈尔顿(John H. Halton)最先寄来了这种"剪和折"的方法,通过这种方法可以如愿得到最大的立方体,其

图5.6 不交叠的解决方案

表面积与正方形纸的面积相等。(三名读者埃尔韦尔(David Elwell),斯卡德(James F. Scudder)以及斯皮诺(Siegfried Spira)通过寻找覆盖住比答案中更大的立方体表面的方法,都接近了这一发现。派克(George D.Parker)找到了一个完整的解,与哈尔顿的答案完全一致。)

哈尔顿的方法是将正方形剪开,剪出两个正方形覆盖立方体的两个对面,立方体的其余部分被折成一长直条的纸带覆盖。只要缩短纸带的宽就可以使交叠部分的面积想有多小就有多小。如哈尔顿所述,假设有足够耐心,并且纸的尺寸无限小,此过程将覆盖一个接近极值的立方体,其边长为 $\sqrt{3}/\sqrt{2}$。

哈特福德大学数学家切尼(Fitch Cheney)通过将图5.6所示的图形伸展,发现了另一种方法完成同一件事。按照图5.7所示通过扩大中间的正方形,将周围的四个正方形以及各角上的三角形相应放大。如图所示将阴影部分切开并折叠可扩大各角的三角形。(将 A 翻转一次,B 翻转三次。)得到的图形恰如图所示,但是更大。因为不可避免的交叠可以缩到最小,很显然此方法得到的立方体边长极值也是 $\sqrt{3}/\sqrt{2}$。

图5.7　切尼(Cheney)的折叠正方形覆盖立方体的方法

3. 如果圆桌旁边的每个人不是诚实者就是说谎者,并且每个人都说其左边的人是说谎者,圆桌旁的人数一定是偶数,并且诚实者和说谎者间隔而坐。(圆桌旁的人数不可能为奇数,否则至少有一个人声称其左边是诚实者。)所以俱乐部的主席说圆桌旁的人数是37,他是说谎者。既然秘书说主席是说谎者,则他一定是诚实者。所以他说总人数是40人是真的。

4. 由题可知,两兄弟继承了一群羊,每只羊所售钱数和羊的数量一样多。如果羊的数量为 n,售出的总钱数为 n^2。这笔钱都是面额为 10 美元的纸币加上不足 10 美元的硬币。

两人轮流拿钱,哥哥拿走了第一张和最后一张 10 元,所以总钱数一定是 10 的奇数倍。由于任何 10 的倍数的平方都包含偶数倍的 10,我们推测 n(羊的数目)的平方一定含有奇数倍个 10。只有两个数字 4 和 6,其平方数满足这个条件 16 和 36。这两个平方数个位数都是 6,所以 n^2(卖羊的总钱数)个位数为 6。多余的钱是 6 美元硬币。

弟弟拿了 6 美元后,仍然比哥哥少 4 美元,所以为了公平分配,哥哥给弟弟开了一张 2 美元的支票。奇怪的是,许多优秀的数学家都正确地将题目做到了最后一步,却忘记了支票应该是 2 美元,而不是 4 美元。

5. 在三点连线图形的井字游戏(参见图 5.8),第一个玩家有必胜策略,但是仅当他首先将棋下在黑点处。不考虑其对手的选择,第一个玩家的选择总是能影响其对手的下一步,而第三步则会形成两行胜局的威胁,因此确保其最后一步获胜。

如果开局下在棋盘的一角,第二个玩家可以通过占据另一角逼平战局。如果开局下在中间等边三角形的顶点,第二个玩家可以通过下在该三角形的另一个角逼平战

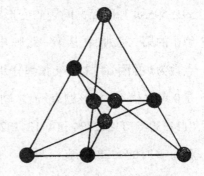

图 5.8　三点连线图形的井字游戏

77

局。更完整的分析可以参见奥贝恩在《新科学家》(1962年1月11日)《旧游戏新棋盘》。

6. 四对牌的朗福德问题的唯一答案为41312432。当然,也可以反过来,但是不算作另一种答案。

如果 n 为牌的对数,仅当 n 为4的一个倍数或小于这个倍数时,才有解。朗福德将这问题刊登在《数学杂志》(1958年10月第42卷,第228页)上。至于随后的讨论,请参见普里德(C. J. Priday)《关于朗福德问题(Ⅰ)》,以及戴维斯(Roy O. Davies)《关于朗福德问题(Ⅱ)》。这两篇文章也都刊登在《数学杂志》(1959年12月第43卷,第250-255页)上。

$n=7$ 的26个解也刊登在《数学杂志》(1971年2月第55卷,第73页)上。庞大的计算机程序确认了这列答案,并且给出了 $n=8$ 时的150个解。格罗思(E. J. Groth)以及米勒(John Miller)独立运行程序,都证明 $n=11$ 时,有17 792种排序,$n=12$ 时,有108 144 种排序方法。

尼克森(R. S. Nickerson)在《美国数学月刊》(1967年5月,第591-595页)"朗福德问题的变形"中改变了规则,使每对点数为 k 的牌中的第二张牌,在从第一张牌开始数的第 k 张牌处。换句话说,每对点数为 k 的两张牌被 $k-1$ 张牌分开。尼克森证明了当且仅当牌的对数是0或1(模4)时,该题有解。米勒用一个程序找出了 $n=4$ 时的3个解(11423243,11342324和41134232);$n=5$ 时的5个解;$n=8$ 时的252个解;$n=9$ 时的1328个解。

希列斯彼(Frank S. Gillespie)以及乌茨(W. R. Utz)在《斐波那契

季刊》(*Fibonacci Quarterly*)(1966年4月第4卷,184-186页)《一个广义朗福德问题》中将此题推广到3重牌、4重甚至更多重牌。对于一对牌以上的组合,他们未能找到答案。莱文(Eugene Levine)也在该杂志(1968年11月第6卷第135-138页《论广义朗福德问题》)中说明,解决3重牌的朗福德问题必要条件是n(3重牌的组数)等于-1、0或1(模9)。因为他找出了$n=9$、10、17、18以及19时的解,他猜想当n大于8时,这个条件也是充分的。后来,通过计算机搜索表明当$n=8$时无解。

莱文只找出了$n=9$时的一个解。我也不知道其他解,也许它是唯一的解。读者们可能有兴趣找找看。取3套点数完整(从A到9)的牌组成一叠。你能将这27张牌排成一行,使每三张点数为k的牌中,第一张和第二张之间隔k张牌,第二张和第三张之间也隔k张牌吗?这是一道极难的组合问题。

罗塞尔(D. P. Roselle)以及小汤姆森(T. C. Thomason, Jr.)在《组合论杂志》(*Journal of Combinatorial Theory*)(1971年9月第11卷,第196-199页)《论广义朗福德序列》中给出了一些新的不存在性定理,并提供了当$n=9$、10以及17时3重牌问题的一个解。据我所知,还没有人发现大于整数3的集合存在朗福德序列,也没有人证明这样的序列存在还是不存在。

7. 为了算出交叠正方形的面积,如图5.9所示,沿着虚线将大正方形的两边延长,显然可以将小正方形分成全等的四部分。由于小正方形的面积为9平方英寸,交叠(阴影)部分的面积为9/4或 2.25

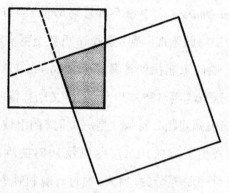

图 5.9　交叠的正方形

平方英寸。此问题的有趣之处在于不管大正方形绕着 D 点旋转到何位置，交叠部分面积的值是定值。条件 B 三等分 AC 是无关信息，用来误导读者。

此题出现在由查尔谢（Mannis Charosh）编辑的《数学挑战：数学学生杂志题目精选》(*Mathematical Challenges: Selected Problems from the Mathematics Student Journal*)（全美数学教师委员会，1965）的第 52 题，书中给出了第二种解法，并将问题推广到任意正多边形。

8. 费尔蒂利亚的第一轮生育有 n 个孩子诞生，在你想有多长就有多长的时间内，母亲的总人数为 n。第二轮出生了 $n/2$ 个孩子，第三轮出生了 $n/4$ 个孩子，以此类推。孩子的总数为 $n(1+1/2+1/4+1/8+\cdots)=2n$。除以 n 得到每个家庭平均拥有的孩子个数，即为 2。

许多读者指出此题可用更简单的方法解决。只要证明男孩与女孩的比例保持 1∶1 不变，从长期来看，男孩数就会和女孩数相等。既然每个家庭恰好有一个男孩，就平均而言，也将会有一个女孩。因此，

每个家庭平均有两个孩子。

9. 如果将"Oct."看成是"octal"（八进制）的缩写，"Dec."看成是"decimal"（十进制）的缩写，那么31（在八进制记数法中）等于25（在十进制记数法中）。这个惊人的巧合是《一个奇妙的所得税欺诈》中的基本线索。这是阿西莫夫（Isaac Asimov）写的"黑寡妇"俱乐部故事之一（参见1976年11月的《埃勒里女王的神秘杂志》（*Ellery Queen's Mystery Magazine*））。

弗里德莱因（John Friedlein）发现不仅圣诞节等于万圣节，也等于感恩节，不管它到底在哪一天，就像感恩节有时候是11月27日（27在九进制记数法中等于25在十进制）。

哈诺尔（Suzanne L. Hanauer）通过模四则运算建立了一个圣诞节和万圣节的等式。Oct. 31可以写成10/31或1031；Dec. 25可以写成12/25或1225。因此1031＝1225（模194）。

斯科特（David K. Scott）和比蒂（Jay Beattie）分别用更惊人的方式建立了等式。假设Oct. 以及 Dec. 中的5个字母代表如下的数字：

$$O=6, C=7, T=5, D=8, E=3。$$

然后我们解码Oct.31=Dec.25得

$$675×31=837×25=20925$$

假设两个不同的字母不可以用同一个数字表示，那么O和D（表示第一个数字）可以是除了0以外的任意数字，另外3个字母可以是包括0在内的任意数。实际上，比蒂通过计算机程序测试了所有24192种可能性。该程序证明（正如斯科特猜想的）上述等式是唯一的。

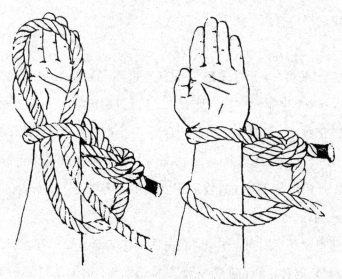

图5.10 如何操作打结问题

10. 为了将两个手腕之间的绳子打一个平结,如图5.10所示,首先将绳子的中部穿到左手手腕绳圈的下方。然后将环穿过左手,再将环拉回绕着手腕的绳圈下方,如右图所示,这个环就会在左手臂上。当将该环绕过左手,从左手臂下取下来时,就会在绳子上打一个平结。

如果在第一次将环穿到左手腕绳圈下方之后,而穿过左手之前,向右转半圈,会得到一个"8"字形的结。如果在将环穿过左手之前,在环的末端穿过一枚戒指,那么不管形成什么样的结,戒指都会紧紧地系在绳子上。

坎宁安(Van Cunningham)和施瓦兹(B.L.Schwartz)分别来信指出,问题的陈述并未排除第二种解法。交叉双臂,将一只手穿过一个环,另一只手穿过另一个环,再展开双臂。

第  章

纸 牌

纸牌有各种点数,四种花色,两种颜色,前后两面,且易于随机排列,长期以来为休闲数学家们提供了可能性的天堂。在这一章中,我们思考了一些引人注目的新组合问题与悖论,用纸牌来研究这些问题是最理想的工作模型了。

在我的《剪纸、棋盘游戏及堆积球》(*New Mathematical Diversions from Scientific American*)第九章中,我简要地提到了由年轻的业余魔术师吉尔布雷斯(Norman Gilbreath)发现的一个奇妙的原理。取一副纸牌,将其红黑花色交替排列,然后将牌切成两堆,每堆顶牌的颜色不同。如果现在两堆牌完美洗牌,则从上到下每对牌都会由一张红色牌和一张黑色牌组成。(你可以让别人洗一次牌,然后和他玩26轮颜色匹配。你们每个人都从顶部取一张牌,若牌的颜色相同,则你的对手赢。当然你每次都会赢。)吉尔布雷斯后来发现,他的那个原理只是现在魔术师们称作吉尔布雷斯一般原理的一个特例。它适用于任何重复的一串符号,可以用几个例子很好地解释。

取一副纸牌,让四种花色从头到尾按照同样顺序重复,即黑桃、红心、梅花、方块。从牌的顶部开始,一次抽一张牌放在桌子上,形成一叠20至30张的牌堆(实际上这叠牌到底有多少张丝毫没什么关系。)将桌上的两堆牌用完美洗牌法洗成一叠。信不信由你,从上到下,每四张牌都会包含有四种花色。几十种采用吉尔布雷斯一般原理的巧妙纸牌游戏方法发表在了魔术期刊上。最简单的一种游戏就是,先让一个人洗牌切牌,将牌放在你背后(或桌子底下),假装用你的手指感受花色并抽出四张牌,各种花色一张。

在洗牌之前,须先将一部分牌翻过来。发牌到桌子上自动可以做到这一点。另外一个方法是,把一副牌的一部分牌翻过来,使其正面朝上,将这部分牌与其余保持正面向下的牌洗在一起。第三种方法是,从顶部取一张牌,然后将抽的牌插到牌堆中,将第一张牌插入这副牌底部附近,第二张牌插在第一张牌上方(如是你愿意可以就紧贴在第一张牌上面),第三张牌插在第二张牌上方,如法炮制,直到你认为已经够了。这等价于切牌,颠倒牌的顺序和完美洗牌。当然,这副牌原来的顺序被破坏了,但是依然完好地保持每四张牌一组,包含所有四种花色这样的顺序。

对一个长度为52的重复序列应用吉尔布雷斯原理,即是取一副纸牌,从顶到底牌的顺序与第二副牌从底到顶的顺序一样。若将这两副牌用完美洗牌法洗好,从正中间切成两叠,则每一半都恰好是一副52张不同花色完整的牌。

吉尔布雷思一般原理指出了完美洗牌法的随机打乱有多么糟糕。完美洗牌法的低效帮助另一位数学魔术师,波士顿大学的赛伯茨(Rev. Joseph K. Siberz),用也许是第一个关于纸牌的计算机程序,教会了一台计算机如何玩一个神秘的纸牌戏法,这个戏法使用52张IBM穿孔卡片,每张卡片上写着不同的纸牌的名称。同时将程序和"纸牌"都输入计算机,然后计算机打印出如下指令:

1. 将这叠卡片切几次然后做一次完美洗牌。

2. 将这叠牌切成两堆。

3. 看一下其中一叠牌的顶牌,并记住这张牌。

4. 将这张牌插回原牌堆,然后将这两堆牌用完美洗牌法洗到一起。

5. 切牌,再合在一起,按你的意愿重复若干次。

6. 现在将这副牌还给我,我会找出你记住的那张牌。

假如这张牌,比方说是红心五,计算机迅速打印出:"你的牌是红心五,不要问我怎么做到的,魔术师从不透露自己的秘密。请选另一张牌,我会再给你答案。"如果玩家没有严格执行指令,有时候计算机也总能找到这张牌,也许向观众问一些额外信息:"我很难确定您牌的颜色,如果牌是黑色请按B;如果是红色,请按C。"紧接着会说:"谢谢你,你的牌是……"。如果不执行指令,计算机找不到那张牌,它就会打印"你没有按照我的指令去做,请另选一张牌,再试一次。"若再次发生这种情况,计算机会礼貌地要求你再试一次,但在第三次犯错后,计算机会说"若你拒绝按照我的方法去做,我不能找到你的$$=)$* *牌,请再试一次"。

不难看出这个程序是如何找到所选的那张牌的,两次完美洗牌仅仅打破了这副牌原始的循环顺序,变成四个环环相扣的序列。如果正确执行指令,有一张牌会从那些序列中它应该在的位置上失踪。当计算机识别牌时,它记住了牌的新次序,因此这是所有立即重复戏法的集合。读者可以通过记录一副牌的顺序或使用一副未开封的牌(拿走大小王和多余的牌后,制造商提供的新牌排序简单,极易记忆),就能轻易地表演戏法了。当观众执行上述指令后,你可以将洗过两次的牌拿到另一个房间,通过核对牌的顺序和你的列表上的差异,很容易确定不在原来位置的那张牌。

在1960年代中期受欢迎的电视剧《赌侠马华力》中,赌徒马华力(Bart Maverick)跟一个人打赌,他能随机抽25张牌,并将其发成五手牌,每手牌都是顺子或更好。(一手比顺子更好的牌是同花、三拖二、炸弹、同花顺和同花大顺。)1967年在电视剧《生命因你而精彩》的一集中,布莱恩(Paul Bryan)也打了同样的赌。这就是赌徒们称之为"命题"的游戏———一场看似对庄家不利的赌局,实际上却严重偏向他有利。如果读者用25张随机选择的牌做实验,他也会

吃惊这五手牌可以排得如此容易。首先试试同花(至少有两手牌),接着寻找顺子和三拖二。我并不知道成功的实际概率是多少,但是极端高。事实上,现在出现了一个问题:是否一直可以成功?答案是否。25张牌的集合不能被划分成5手顺子或更好。

根据上面的介绍,请读者考虑图6.1中所示的25张牌。用这个集合的赌局能赢吗?如果能,找出这五手牌;如果不能,证明它是不可能的。若你用正确的方法去处理,就能很快地解决这个巧妙的难题,有一张牌是关键。这个难题是史蒂文斯(Hamp Stevens)寄给我的。

对于第二个组合问题,要求读者将任意三张纸牌面朝下放一排。任务是一次翻一张牌,7个动作后(翻7次)产生$2^3=8$种不同的面朝上和面朝下牌的排列组合,并且结束时三张牌面全朝上。有6种方法来做到这一点,设F代表正面,B代表背面,一个解是BBB、BBF、BFF、BFB、FFB、FBB、FBF和FFF。(顺便说一下,这8种排列,对应于"真值表"中的8行,给出了符号逻辑的命题演算中三个陈述的8种真与假的可能组合。)用四张牌有解吗?有$2^4=16$种不同的排列。问题也从四张面朝下的牌开始,一次翻一张牌,15个动作(翻15次)产生所有16种不同的排列,最后四张牌全部面朝上。事实证明,这是不可能的。这个问题出现在《数学学生杂志》凯洛(Mannis Charosh)的专栏中,让读者寻找一种证明不可能的简单方法。这一证明迅速推广到每排n张牌。

贝克(C. L. Baker)将我的注意力吸引到了一个鲜为人知的单人纸牌游戏上,他发现这个游戏可以简化成数不胜数的引人入胜的组合趣题。这个游戏是他的父亲在1920年代从一位英国人那里学来的,后来又教给了贝克。这个游戏与大多数单人纸牌游戏不同,虽然初始模式是偶然决定的,一旦牌被放置好了,玩家已经具有了完整信息,因此,每一步初始布局要么可解要么不可解,找到一个解成为了一个刺激性的挑战。就像下棋,玩家必须提前考虑好几步,因

图6.1　将这些牌排列成全是顺子或更好的五手牌

为过程中的任何失误都是不可逆的。该游戏本身有它的独特风味,有点类似于滑块拼图。玩家的技术越好,获胜的概率就越高,而玩得越多则技术越好。

用一整副52张牌洗牌后来玩这个游戏,将它们正面朝上排成如图6.2所示的8列,从左至右发牌,将牌如图所示交叠,前4列放7张牌,后4列放6张牌。贝克称其为"列队"并标记为$B1$到$B8$。上面4个点线画的格子被称为"淘汰赛单元格",$P1,P2,P3,P4$。开始时它们是空的。游戏的目的是从牌A开始按连续顺序,将同一花色13张牌放入每个"淘汰赛单元格"上。只有将所有4个格子填满时,才算赢。

图下面画的四个点线格$T1,T2,T3,T4$,被称为"临时单元格"。在游戏过程中,可将单独的一张牌(只一张)放置在这些单元格的任何一个里,因此,最多可以容纳四张牌。

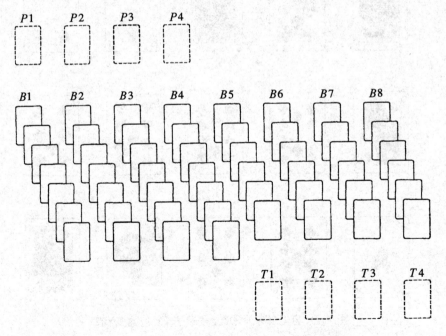

图6.2 贝克的单人纸牌游戏示意图,4级版本

游戏规则如下：

1. 一次只能移动一张牌。

2. 只能移动任何 $B1$ 至 $B8$ 中最上面未被覆盖的顶牌。

3. 牌 A 可被移动到任何空的 P 上，在它的上面可放同样花色的牌 2、然后是 3，直到 K。这些牌可来自未被覆盖的 8 列或者"临时单元格" T。

4. 在 B 列中任意一张未被覆盖的牌都可被移动到另一列下面，但必须是接着同花色的比它点数高一点的一张牌。

5. 任意一张牌都可以被放在空的 T 上，直到你想把它移动到别处。

6. 如果有一列 B 空了，任何一张可移动的牌都可以移到这个位置，成为一张新的起始牌。

7. T 内的牌可以移动到 P，移动到空的 B 列、或者同花色的比它点数高一点的一张牌下面。

贝克高兴地发现，从一副牌中拿掉一种，两种，或三种花色的牌，就可以创建出"低阶"的游戏。三种花色，或称三阶游戏，牌被分成 7 列，有 3 个 P 格和 3 个 T 格；二阶游戏（两种花色），牌被分成 6 列，有 2 个 P 格和 2 个 T 格；一阶游戏（一种花色），牌被分成 5 列，有 1 个 P 格和 1 个 T 格。所有的布局都是可解的吗？

二阶游戏是这个游戏最理想的入门版。现在我们敦促读者快去拿一副牌，拿掉两种花色，洗剩余的 26 张牌，然后将牌随机排列。只有实际玩起来才能传达游戏的魅力。记录下每个开局是个不错的计划，因为如果你输了，你也许会想要恢复原始的布局尝试另一种策略。也许你的朋友或家庭成员想要试一试同样的布局。并不是所有的开局都是可解的，但往往一个看似无望的布局，通过运用迂回的技巧最终可被打破。

我们留给读者的最后一个问题是请用自己的技巧解一个如图 6.3 所示的二阶游戏，其中黑桃和红心是接续排列的，这个问题是可解的，但是最简捷的

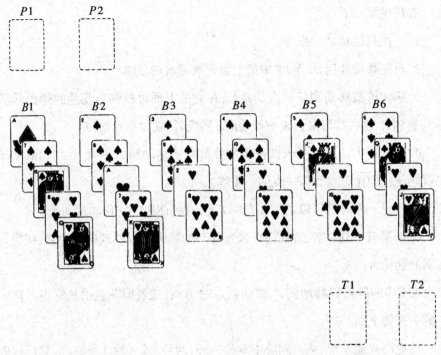

图6.3　能在50步内解这个二阶游戏吗?

解是什么?

　　各种各样困难的组合问题是由贝克游戏(我之所以这样称呼它,是因为我至今还不知道它叫什么)带来的。在贝克提出的许多问题中,有一个没有答案:赢的概率是否随着阶数 n 的增加而降低?如果是,它是否趋近零或某个非零极限?对于一个给定的阶数,一个最小步数解至少需要移动多少步?

25张牌的集合不能构成5手至少是顺子或者更好的牌。证明的关键是红心4,在这组牌里没有红心3或红心5,所以红心4不能成为顺子的一部分,只有3张其他红心牌,所以它不能是同花的一部分。只有一张4,所以它不可能三拖二的一部分。最后,因为没有四张相同数值的牌,所以红心4不可能是炸弹的第五张牌。

第二个问题是要证明,从一排四张面朝下的牌开始,你不可能一次翻一张牌,完成所有16种可能的面朝上和朝下的排列组合,并且最后四张牌面朝上。此证明使用了一个简单的奇偶校验。每次翻一张牌,它改变了面朝上牌从奇数到偶数或从偶数到奇数的奇偶性。开始时面朝上的牌奇偶性是偶数(零为偶数),因此,第16个也是最后一个排列组合一定是奇数。然而该问题指定,最终的排列必须是四张面朝上的牌,一个偶数,该问题无解。

单人纸牌游戏所有一阶布局都是可解的吗?答案是否。有成千上万种不可能的初始布局(例如,第一行里6,J,A,8,9;第二行里K,4,3,7,10;第三行里Q,5,2)。然而,据估计,超过99%的初始布局是可解的,而且它们的解很容易找到。一个更难的尚未被解答的问题是,一个初始布局的最小解至少需要移动几步,二阶游戏的这个问题也没有答案。

第四个问题是用最少的移动步数解决初始布局如图6.4所示的二阶游戏。超过65位《科学美国人》的读者,发现了49步的解,肯定是

最少的。所有人的共同之处是在32步内把红心放在 P 格里,余下的
17步用来把剩下的黑桃放在另一个 P 格里。我从奥尔里奇(Warren
H. Ohlrich)那里收到的第一个49步的解,如图6.4所示。

步数	纸牌	到	步数	纸牌	到
1	K ♥	T1	26	7 ♥	P1
2	8 ♥	B4	27	8 ♥	P1
3	7 ♥	B4	28	9 ♥	P1
4	A ♥	P1	29	10 ♥	P1
5	2 ♥	P1	30	J ♥	P1
6	8 ♠	B3	31	Q ♥	P1
7	2 ♠	T2	32	K ♥	P1
8	K ♥	B2	33	7 ♠	T2
9	Q ♥	B2	34	8 ♠	B1
10	6 ♥	B4	35	9 ♠	B2
11	K ♠	T1	36	3 ♠	P2
12	7 ♠	B3	37	10 ♠	B3
13	A ♠	P2	38	4 ♠	P2
14	2 ♠	P2	39	J ♠	B4
15	J ♥	B2	40	5 ♠	P2
16	10 ♥	B2	41	Q ♠	B5
17	6 ♥	T2	42	6 ♠	P2
18	7 ♥	B1	43	7 ♠	P2
19	6 ♥	B1	44	8 ♠	P2
20	8 ♥	T2	45	9 ♠	P2
21	9 ♥	B2	46	10 ♠	P2
22	3 ♥	P1	47	J ♠	P2
23	4 ♥	P1	48	Q ♠	P2
24	5 ♥	P1	49	K ♠	P2
25	6 ♥	P1			

图6.4 单人纸牌游戏的一个49步解

第 7 章

手指算术

啊！上帝，为什么二加二等于四？

———— 蒲柏(Alexander Pope)

《愚人记》第二卷（*The Dunciad, Book 2*）

人类学家还没有发现一个不会计数的原始社会。有一段时间，他们曾认为，如果一个土著部落除了"1"、"2"和"许多"之外没有其他表示数字的词，那么其成员只能数到2。但人类学家常常为他们不可思议的能力所迷惑，例如当他们放一群羊，有一只羊丢了，放羊人都能知道。有些人类学家认为，这些部落人具有惊人的记忆力，在他们的头脑中保留着整个羊群的完形，或者可能记住了每只羊的样子。后来研究者发现，部落人使用同一个词来表示所有超过2的数，并不意味着他们不知道五个和六个鹅卵石的区别，就如同他们用相同的词表示蓝色和绿色，不意味着他们不知道绿草和蓝天之间颜色的差异。数量词汇有限的部落依靠在他们的大脑中用特定的顺序数手指、脚趾和身体的其他部位来进行复杂计算。对于数字15，一个部落人只要简单地想一想他心里的默数停在了，例如说，他左脚的大脚趾上，而不是记住一个单词。

　　大多数原始的计数系统都基于5,10,或20,这是因为人类动物一只手有5个手指，两只手有10个手指，手指和脚趾加在一起为20,这是少数几件文化人类学家都观点一致（与亚里士多德的说法也相同）的事情之一。当然也有很多例外，在非洲、澳大利亚和南美的某些土著文化使用二进制系统。也有一些发明了三进制系统，据说在巴西有一个部落用每个手指的三个关节来计算。四进制系统就更罕见了，主要是一些南美部落和加利福尼亚的友希印第安人采用，

他们用手指间的间隙来计算。

5进制比其他进制应用得更广泛。在许多语言中表示"5"和"手"的单词,要么是相同的,要么与早期的单词密切相关。例如,pentcha在波斯语中表示"手",而pantcha在梵文中是"5"的意思。在一个南美印第安部落Tamanacos中,他们用相同的词表示5和"整只手"。在他们的词汇中,6是另一只手上的一根手指,7是另一只手上的两根手指,8和9以此类推,10为双手。对于11到14,他们伸出双手并计数"一根脚趾,两根脚趾"直到14,数到15时,就是"一只完整的脚"。正如人们可能会猜想到的,继续数下去,16表示为"另一只脚上的一根脚趾",以此类推到19。20用的是在Tamanacos部落中表示"一个印第安人"的词。21是"另一个印第安人一只手上的一根手指"。"两个印第安人"代表40,"三个印第安人"代表60。古代爪哇人和阿兹特克人一星期是5天。有一种理论认为,表示10的罗马数字X来自两个罗马数字V,其中一个V是颠倒的,而V是一个人的手的象征。

早期的数字词汇常常与表示手指、脚趾和身体的其他部位的词汇相同。现代英语中用"digit"(数字)表示数字0到9,来自拉丁语的"手指",证明了一个早期的手指一词起源于盎格鲁–撒克逊语的计数。也有一些有趣的例外。表示4的毛利人词语是"dog"(狗),显然是因为狗有四条腿。在现在已消失的南美印第安阿比旁部落里,表示4的词语意思是"美洲鸵的脚趾"——三个在前,一个在后。

以6到9为基的原始数字系统是非常罕见的。显然,一旦人们发现有必要命名大于5的数字时,他们通常从一只手跳到另一只手,采用以10为基的系统。同埃及人,希腊人和罗马人一样,古代中国人也使用以10为基的系统。古代数学的珍品之一就是六十进制(基数为60)系统,它是巴比伦人从苏美尔人那里拿过来的,用这一系统他们获得了许多先进的数学成就(我们测量时间和

角度的方法都是巴比伦系统的遗物）。今天，以10为基的计数系统几乎为全世界所接受，即使在原始部落。史密斯（David Eugene Smith），在1923年首次出版的个人著作《数学史》（*History of Mathematics*）的第一章中说，通过对70个非洲部落的调查表明，他们都用以10为基的计数系统。

5以上，很少有采用基于素数为基数的计数系统。巴尔（W. W. Rouse Ball）在《数学史简明导论》（*A Short Account of the History of Mathematics*）（第四版，1908年）中只引用了西非部落博拉斯的7基系统，以及早期毛利人的11基系统，尽管我不能为其中的任何一个打包票。20进制，或以20为基的系统（手指加脚趾）相当普遍，玛雅系统就是最杰出的例子，因为它使用了零和位置记数法，所以它是古代最先进的数字计数系统之一，远远优于，例如，笨拙的罗马系统（这一声明让文化相对论者感到恐慌，因为这意味着一个价值的判断越过了文化的边界）。以20为基的系统今天因一些语言得以生存，例如法语（quatre-vingts 是4个20代表80），英语（Fourscore 是4个20表示80），特别是在丹麦语中，数字的名字是基于十进制和二十进制的奇怪混合系统的。

5和10这种，最普遍的古代基数以及一只手和两只手的手指数之间的明显联系向许多科幻小说作家表明，外星人的数字系统也同样基于他们的手指数。（在迪士尼的动画文化中，生物大概是使用4基 或8 基系统，因为它们每只手只有四根手指。）加利福尼亚州利弗莫尔市的尼尔森（Harry L. Nelson），寄来了下面的一个难题：假设金星探测器发回了一张钉在墙上的加法算法图片（见图7.1），若金星人和我们地球人一样使用位置计数法，进制的基数对应金星人一只手的手指数，那么他一只手有多少根手指？（我们还假设数字不是从零开始，否

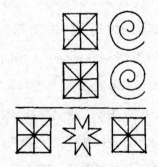

图7.1 金星人计数法中的加法

则,在十进制下和就可能是:05+05=010)。

因为十进制被普遍应用,人类似乎不可能换另一种基数系统,尽管十二进制(基数为12)系统具有一定的实用优势,与只有两个因子的十进制相比,十二进制有四个因子。几个世纪来,十二进制一直受到狂热追棒。尽管对大多数的数论学家而言,如7或11这样的素数基具有技术优势,正如18世纪法国数学家拉格朗日(Joseph Louis Lagrange)主张的那样。

许多数学家为以2的幂,特别是8和16,为基的系统进行辩护。约翰逊(W. Woolsey Johnson)在《纽约数学会会刊》(the New York Mathematical Society)(1891年10月,第6页)写道,"毫无疑问,我们的祖先通过数他们的手指发明了十进制系统。""鉴于八进制系统的价值,我们必须为他们竟然倔强地数他们的大拇指深感遗憾,尽管自然界有效地从手指中将它们区分开来,也许自然界已经想到了,保护这个物种免受此错贻害。"

克努特发现,瑞典科学家斯韦登堡(Emanuel Swedenborg)在1718年,撰写了一篇论文《采用8基数取代常用的10基数的新计算系统》(A new system of reckoning which turns on 8 instead of the usual turning at 10),该文由阿克顿(Alfred Acton)翻译,并于1941年由美国费城斯韦登堡科学协会出版。斯韦登堡给出了数字的新系统命名法并总结道,"若实践和应用能认可这一新系统,我认为学术界将从八进制计算中获得令人难以置信的好处。"顺便说一句,最近研究发现,乌鸦能数到7。关于这一发现请见斯特纳(Laurence Jay Stettner)和迈特尼(Kenneth A. Matyniak)撰写的文章《鸟类的大脑》(The Brain of Birds),发表在《科学美国人》(1968年6月)期刊上。

在关于三进制的章节中(在我的《数学游戏之六》(Sixth Book of Mathematical Games)中)我提到由两位数学家提出的16基数的奇怪命名方法。我赶紧补充了现代计算机长期以来一直使用的是基数为8的算法。最近"十六进制"(基

数为16)算法已成为IBM的系统/360计算机语言的重要组成部分,它使用16位数字0,1,2,3,4,5,6,7,8,9,A,B,C,D,E,F。

就像原始社会选择不同的基数一样,它们的计数方式也不同。因为大多数人都是右撇子,通常从左手开始计数,有时用一种不变的固定模式而有时不是。一个人可能从大拇指或从小指开始计数,无论是用右手指轻轻点左手指,使左手指向下弯曲,还是从闭合的拳头开始一次伸出一根手指来计数。在孟加拉湾的安达曼群岛上,那里的人从小指开始计数,然后用逐个手指轻轻敲击鼻子来计数。在澳大利亚和新几内亚之间的托雷斯海峡中的一个岛上,人们用轻敲他们左手的手指数到5,但再数下去时并不是换到右手,而是轻敲他们左手的手腕、手肘、左臂膀、左乳头和胸骨,然后次序反过来敲击身体右侧继续数数。数学家们指出,数数时接续地敲打手指和身体其他部位,是用来表示序数(第一、第二、第三等等),而当同时伸出4根手指表示,例如,4只青蛙时,它们是一组基数(1,2,3等等)。

古希腊人有一个复杂的手势用来从一数到几千。它是由希罗多德(Herodotus)提到的,但很少有人知道它的指法。古代中国人和其他东方文化中都有类似的复杂手势,现在在集市讨价还价时仍然使用它,表达的数字用宽大的外套遮挡住不让旁观者看到。罗马人用手象征数字的方法被不少罗马作家都提及过。在8世纪,比德(Venerade Bede)将他的拉丁论文《时间的计算》(*The Reckoning of Times*)(例如计算复活节的日期)的第一章用来介绍一个罗马的手势系统,他将其扩展到了一百万(一百万的手势是紧握双手。)

中世纪和文艺复兴时期大部分的算法指南都包括了这方法。图7.2中所示的一个典型系统来自第一本出版的重要数学书,由方济会的修士帕西奥利(Luca Pacioli)在1494年用意大利文撰写,后来他写了一本有关黄金比例的书,插图由他的朋友达·芬奇绘制。当罗马诗人尤韦纳尔(Juvenal)在他的讽刺

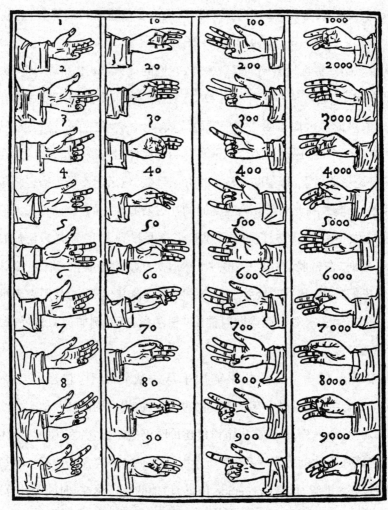

图7.2　1494年由帕西奥利绘制的意大利人手势插图

诗中写道："他确实非常快乐……终于在他的右手上数他的年龄"时,他的头脑中出现了这样一个系统,诗的意思是,活到了100岁的人如此快乐,用右手表示的数字第一次在这个系统中使用。请注意,大多数的左手手势都有右手的翻版,而即使在同一只手某些特定的手势象征似乎也是相同的,除非原始草图上有不明确的细微差异。圣杰罗姆在公元4世纪时写到30与婚姻有关,大拇指和

食指形成的圆象征着丈夫和妻子的结合。同样，60与守寡有关，通过这个圆的断裂来象征。

所有这些手势的旧方法都是以10为基数的，但没有原因为什么手指不能简单地用于其他基数系统的计数。实际上，手指特别适用于所有系统中最简单的二进制，因为手指的伸或收，相当于使用二进制计数的现代计算机的触发电路。波尔（Frederik Pohl）在一篇杂志文章《如何用你的手指计算》（*How to Count on Your Fingers*）中，后来收录到了他的著作《数字和懦夫》（*Digits and Dastards*）中（百龄坛，1966），其中建议先从握紧双拳手背向上开始。在二进制系统中，伸出一个手指是1，未伸出手指为0。因此，为了从1数到1111111111（相当于十进制1023），可从伸出右手小手指开始。要表示数字2，在二进制系统中是10，收回右手小手指，伸出右手无名指。把右手小手指和无名指都伸出就表示11，即十进制中的3。图7.3显示了如何用两只手表示二进制系统中的500。稍加练习你就可以学会使用手指快速地做二进制计数，甚至按波尔所讲，做一些二进制加法和减法。由于符号逻辑的命题演算在二进制系统中操作简便，实际上手可以被用来作为计算机解决简单的二值逻辑问题。

任何完全由1组成的二进制数一定是一个比2的幂小1的数。例如数字1023在二进制数中通过伸出所有10根手指来表示，是$2^{10}-1$。这就向波尔提出

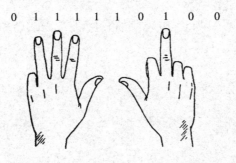

0 1 1 1 1 1 0 1 0 0

图7.3　用手指表示二进制中的500

一个有趣的问题,假设我们希望从1023中减去某个特定的数 n(或任何一个比1023小的数,且在二进制中由一串1组成)。你能想出一个最简单的用手指进行快速减法的方法吗?

由于在中世纪和文艺复兴时期,很少有人学过5×5以上的乘法表或使用过算盘,人们使用各种简单的方法来获得从6到10的乘积。在一本1492年的书里,有一个常用的方法叫作"古老的法则",它使用关于10的两个补数来计算(n的补数是10-n)。7乘以8,则写下它们的补数3和2。用任意一个补数去减与它不成对的那个数,得出5,是7和8乘积中10的倍数的部分。3和2的乘积是6,50加6等于56,这就是最后的答案。

双手手指经常被用来作为这一方法的计算工具。从小指开始,每只手的手指被分配从6到10的数字。7乘8,用任意一只手上标有7的手指触摸另一只手上标有8的手指,如图7.4上图所示。注意,7的补数由左手的上面3根手指表示(在触摸手指上面),而8的补数由右手的上面的2根手指表示双手下面的五根手指代表5,答案中10的倍数。50加上上面手指的乘积3×2=6,得出56。这种使用手指计算从6到10中任意两个数乘积的简单方法,在文艺复兴时期得到广泛实践,而且据说在欧洲和俄罗斯部分地区现在仍有农民在使用。

这种方法至今在小学阶段还有相当大的教学价值,不仅仅是因为它可以激发孩子们的兴趣,而且它与二项式的代数乘法紧密相关。不使用关于10的补数,取而代之我们可以将7和8写成超过5的二项式(5+2)和(5+3),然后做乘法:

$$
\begin{array}{r}
5 + 2 \\
5 + 3 \\
\hline
25 + 10 \\
+ 15 + 6 \\
\hline
25 + 25 + 6 = 56.
\end{array}
$$

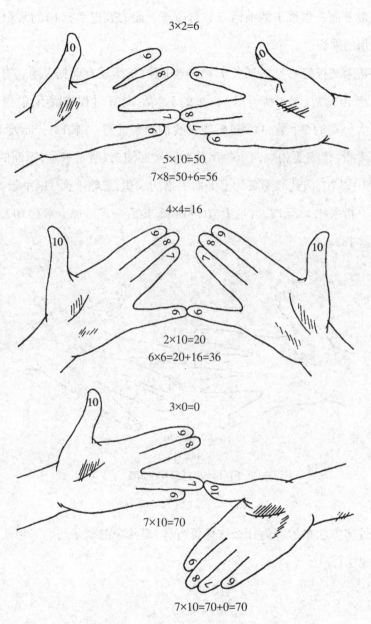

图7.4 6到10的数如何用手指乘法配对

在最下面一根线下的前两个数对应于下面的五根手指10的乘积,6对应上面手指的乘积。

手指乘法很容易推广到大于10的5个数,虽然没有证据表明它有被用于计算大于10的数。对于所有以5结束的5个数,计算过程稍微不同。考虑到下一组更大一点的5个数,11到15,假设我们想要计算14乘13,先指定11至15给每个手指,代表要相乘两个数字的手指按照图7.5所示触碰,下面的7根手指乘以10得70,但此时不要加上上面手指的乘积,忽略上面3根手指,取剩下两只手手指乘积4×3=12,12加上70得到82。最后一步再加上常数100,就得出最终答案182。

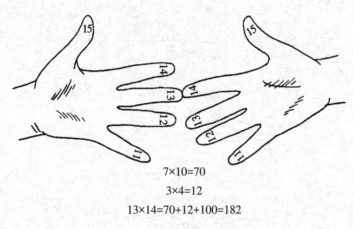

$$7×10=70$$
$$3×4=12$$
$$13×14=70+12+100=182$$

图7.5　11到15的乘法

有许多方法来解释为什么这样可行,但最简单的就是按照二项式乘法的方法来思考:

$$
\begin{array}{r}
10 + 3 \\
10 + 4 \\
\hline
100 + 30 \\
+ 40 + 12 \\
\hline
100 + 70 + 12 \ = 182.
\end{array}
$$

最左边的100是加法常数,70是下面几根手指之和乘上10,12是两只手下面手指的乘积。

对于所有以0结束的5个数,我们回到第一个过程。对于16到20的乘法,两只手下面的手指都有一个标记的值为20,所以加法常数跳到200,在17乘19的乘法运算中(见图7.6),下面的6根手指乘20得120,两只手上面的手指乘积为3,二者相加得123,最后再加上常数200得最终答案323。二项式图表如下:

$$
\begin{array}{r}
10 + 7 \\
10 + 9 \\
\hline
100 + 70 \\
+ 90 \quad + 63 \\
\hline
100 + 160 + 63 \quad = 323.
\end{array}
$$

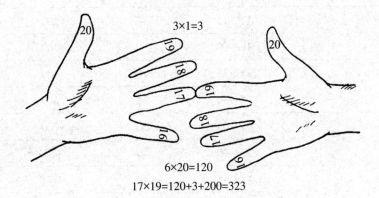

图7.6　16到20的手指乘法

如果我们将160的100移到左边,63的60移到中间,则有200+120+3。这和手指计算对应。常数是200,下面6根手指乘以20得120,并且两只手上面手指的乘积是3。

表7.1改编自麦克尔韦恩(Ferd W.McElwain)的文章《数字计算机—非电子》(*Digital Computer–Nonelectronic*)(刊登在《数学教师》(*Mathematics Teacher*)

上,1961年4月),给下面的5根手指赋予一组5个值,以及加法常数。记住,对于每组以0结束的5个数,使用第一个系统(上面介绍的第一个程序),上面的手指发挥作用;而对于每组以5结束的5个数,则使用第二个系统(上面介绍的第二个程序),上面的手指被忽略。对于以5结束的5个数,下面的手指被赋予的值是$10(d-1)$,其中d是有几个10。对于以0结束的5个数,被赋以的值为$10d$。以5结束的5个数的加法常数是$100(d-1)^2$,以0结束的五个数的加法常数是$100d(d-1)$。

表7.1　乘数到50的手指值和加法常数

10的个数	五个数	下面的手指值	加法常数
1	1—5	0	0
	6—10	10	0
2	11—15	10	100
	16—20	20	200
3	21—25	20	400
	26—30	30	600
4	31—35	30	900
	36—40	40	1200
5	41—45	40	1600
	46—50	50	2000

这张表格扩展到了高阶的5个数。有很多方法可以写出包含整个过程的通用公式。考特(Nathan Altshiller Court)在《数学的乐趣和认真》(*Mathematic-sin Fun and in Earnest*)中给出了如下公式:

$$(a+x)(a+y)=2a(x+y)+(a-x)(a-y),$$

也可写为

$$(a+x)(a+y)=a(x+y)+xy+a^2.$$

其中 x 和 y 是被乘数的最后一位数字，a 可以是 $5,10,15,20,25,30\cdots$，每 5 个数的第一个数。

这个手指计算系统能否适用于乘数来自两个不同的 5 个数的乘法运算，比如说 17×64？答案是能。遗憾的是该过程太复杂了，要给每只手的手指赋以不同的值，因此我必须指引读者去参阅上面列出的麦克尔韦恩的文章，其中解释了一种方法。当然，你可以将较大的数拆成较小的数来做一系列的手指乘法，然后将积加起来得出最终结果，因此 9×13 可通过 (9×6) 加 (9×7) 得到。

所有这一切中存在着一个哲学认识。纯数学，在直觉上，是人类头脑的构造，但是在纯数学和世界构造之间还有一个惊人的契合。这种契合尤其适合物理对象的行为，如鹅卵石和手指，保持了它们作为单位的身份。因此 $2+2=4$ 既是一个纯算术的定律，与现实世界无关，又是一个应用算术的定律。文化人类学家时常过于热情地将科学与数学拉到社会习俗中，辨称不同的部落使用不同的基数进行计算，因此数学定律是完全的文化表现，就像交通法规和棒球规则一样。他忘记了这点，自然数的不同基数系统，不过是符号化和谈论同一个数的不同方法而已，服从相同的算术定律，无论执行计算的人是哈佛大学的数学家还是用手指相加的土著人。

明白的事实是，无论在地球上还是在其他任何星球上，都不会有 2 根手指加 2 根手指是 4 根手指之外的答案。我遇到的唯一一例外是奥威尔（George Orwell）的《1984》一书，在那可怕的酷刑场景中，史密斯（Winston Smith）最终被说服 $2+2=5$。

奥布赖恩举起他左手的手指,将大拇指隐藏起来。

"这儿有5根手指。你看到5根手指了吗?"

"看到了。"

他确实看到了,短暂一瞬,在他脑海中的场景变换之前,他看到了5根手指,而且手指并没有畸形。

俄国小说家陀思妥耶夫斯基(Dostoevski)在他的小说《地下室手记》(*Notes from Underground*)中,也提出了同样的可能性。"毕竟数学是令人难以忍受的",书中的故事讲述者说,"两个2等于4对于我来说简直就是一个傲慢无礼的行为,两个2等于4是一位冒失的花花公子,两手叉腰站着阻拦你的路,还朝你吐唾沫。我承认,两个2得4是一件很好的事情,但如果我们要为每件事付出其代价,有时两个2得5也是一件非常迷人的事情。"

也许是迷人的,但只应用于无逻辑可能性的世界。这是一个主观的,自相矛盾的错觉,一个只能暂时由"集体唯我论"(正如奥威尔所称)归纳得到,其中所有的真理,包括科学和数学真理的确立,都没有参考外面世界抽象的逻辑定律或数学模式。

· · · · · · 补　遗 · · · · · ·

　　在我看来,家住英格兰阿德尔斯的林顿(J. A. Lindon)是当代最伟大的英语幽默诗作家。因为他的作品几乎没有市场(美国出版的《沃尔姆朗纳文摘》(*The Worm Runner's Digest*)除外),大部分他写的诗歌都是为了送给朋友,我相信他们都有保存其作品的意识。下面这首诗歌,关于算术的第一个发现,是1968年这一章刊登在《科学美国人》上后不久,他寄给我的。

算术的基础

林顿

一天,木器时代的马格在树林里徘徊,

为了寻找妻子、猛犸肉和其他有用的物品,

拨开厚密遮阳的树枝,他看到了谁,

旧石器时代的奥格盘腿坐在林间空地上。

奥格在地面上用一堆鹅卵石摆了一个整齐的阵列,

鹅卵石有二十一颗,我们只能发现那么多,

奥格,用一只毛发浓密红色的手压着他那瘦骨嶙峋

的额头,

盯着这些石头像反刍的牛。

马格想到——因为他是个原始人——原始人——
我放弃猛击他脑壳的机会一定很无聊;

我的棍棒重达半英担,他没戴帽子——

(此时,他很疑惑),他究竟在搞什么鬼?

奥格不停地触摸那些鹅卵石,然后点手指,

这一古怪的行动折磨得马格坐卧不安:

"最近发明了什么好轮子?"他嚷道,

他笑得直不起腰来,脸抹上了生肉的血色。

奥格怜悯地看着他,然后捶了捶自己的胸,

他微红的眼睛燃烧着所有数学家的热情:

"我完成了一个思考!"他吼叫,"猴子,我完成了
一个思考!

我会把它写下来,但是还没有人发明墨水。"

马格往前挪了挪更近一点,他的眼睛和嘴呈圆形,

颤抖惶恐地盯着地上那些鹅卵石。

奥格用一根钉子串起来的红毛香肠指着几行鹅
卵石

说道,"三个人的手加二,等于手加脚加鼻子。"

"这是手加二,三个人的手都加二,

所以,三倍的手加二和手加二乘以三是一样的!"

马格抓了抓乱蓬蓬毛茸茸的脑袋,不知道该说些什么。

奥格说,"用这个矩形阵列全都能解释清楚。"

三行手加二和手加二个短三行,

根据这样的方法它们是一样的,你看,你看!

总之,三倍的七与七倍的三相同,

除了鹅卵石外的其他事物也一样。"

马格上上下下观察了这些鹅卵石,然后打了一个刺耳的响嗝

嘎吱一声将一只蟾蜍踩死。

他咆哮道,"我不理解这些算法的怪癖,

但也许我们应该试试看是否有效。"

于是他俩回到家,拽着妻子们的头发拖出门,

马格有脚加手加四,而对于奥格只有一对;

但是妻子们发出尖叫声到处乱跑,

最初她们无法形成一个整齐的矩形阵列。

于是奥格把每位妻子按在每个位置上,

马格手里拿着巨棒,在她们的头顶上击出凹痕;

当他们将妻子们全部摆好,像鹅卵石一样,就能看到

妻子们的三倍手加二就等于手加二乘三!

然后奥格高兴地大声吼叫着,车轮来回滑动

(那时还没有发明车,他这样做只是为了秀一把!);

马格咧着毛茸茸的笑容,拍着多毛的大腿

说,"这是真的,就像翼龙学会了飞一样!"

然后,他们尽情享用着不再受宠爱的妻子,

除了一位她的头骨特别厚,

她被派去挖坑,掩埋每根骨头,

马格和奥格去寻找一块平滑无斑点的石头。

奥格磨尖了火石并在这块石头上刻划:

算术第一定理——来自莫的儿子奥格。

他画了几个小图,谨此作答。

x的3倍手加二等于手加二乘以三。

但马格厌倦了，留下奥格独自一人，

仍然抓着磨尖了火石在他那块傻石头上刻划；

马格的打嗝声又响起来了，长了5根脚趾的脚

扎回到了树林深处，

为了寻找妻子和猛犸肉，尤其是妻子！

答　案

　　金星人问题的唯一解是三进制的12+12=101,因此金星人每只手有3根手指。(金星人问题的和等价于我们十进制表示法中的5+5=10。)德默斯(Raymond DeMers)来信说,如果金星人每只手有3根手指,那么他们更有可能使用基数6(六进制)来计算。他更愿意相信金星人一共有三根手指,一只手上有一根手指,另一只手上有两根手指。

　　加拿大安大略省温莎市的安德森(Cameron D. Anderson)和英国谢菲尔德大学的特纳(Grenville Turner)来信说,也许是金星人的符号是用于乘法,而不是加法。这种解释有无穷多的解,读者可能乐于证明最小基数的解是13×13=171(在八进制中)。

　　第二个问题,假设双手的十指代表二进制数的10个1,相当于十进制的 $2^{10}-1$ 或1023,并要求用一种最简单的使用手指的办法计算从1023减去较小的数n。波尔早期被引用的文章中提供了答案,只要用二进制的方法表示n,再用手指按解释的方式将n表示出来。现在,将每根伸直的手指弯曲,将每根弯曲的手指伸直,相当于把每个1变成0而把每个0变成1。这个新数就是所要的二进制答案。

第 8 章

默比乌斯带

有一名美丽的舞者，

名叫弗吉尼亚，她能边跳舞边解开彩带；

但是她读了科幻小说，

死于束缚，

因尝试默比乌斯带。

——康恩布鲁斯（Cyril Kornbluth）

每一页纸都有正反两面和一条从头到尾环绕它的闭合曲线组成的边。但是一张纸是否可以只有一条边和一个面，让一只蚂蚁可以不用越过纸的边就可从纸上任意一点爬到任意另一点呢?这令人难以置信，而且显然没有人注意到这样一个单侧曲面的存在，直到德国数学家和天文学家默比乌斯(August Ferdinand Mobius)向世人描述这样一个扭转了半圈后两端粘合在一起纸带。从那时起，默比乌斯带就成为家喻户晓的拓扑玩具，这个现代数学兴盛的分支研究的是当一个结构在"连续形变"下保持不变的性质。

通常这样向读者解释这种保持拓扑性质的形变，例如默比乌斯带的一面性，让他们想象一种用软橡胶制成的结构，只要不将它刺破或者取下一块粘到其背面上的另一点，我们就可以将它做成任何想要的形状。但是这种解释是一种常见的误解。我们必须用技术的方法定义这种保持拓扑性质的形变，包括点到点的连续映射。即使在三维空间中我们不能像变化橡胶板那样，将一个结构变成另一个结构，但两个结构很有可能是拓扑等价的(也就是拓扑学家口中的"同胚")。一个简单的例子是两条橡胶默比乌斯带，分别往相反方向扭转了半圈，它们互为镜像，虽然无法通过拉伸和扭转将一条默比乌斯带变成另一条，但是它们是拓扑等价的。一条默比乌斯带与扭转了任意奇数个半圈的默比乌斯带同样也是拓扑等价的。所有扭转了奇数个半圈的带子和它们的镜像，都是同胚的,即使通过橡胶薄片变形,也不可能将一个结构变成另一个结构。任意扭转了偶数个半圈的带子(和它们的镜像)也同理,这种扭转了偶数个半圈的带子和扭转了奇数个半圈的带子拓扑不同,但是它们都是同胚的(如图8.1)。

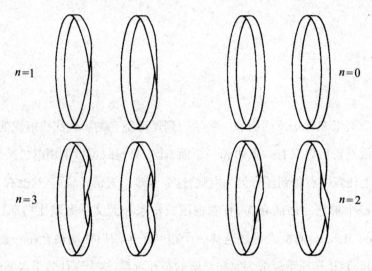

图8.1　扭转任意奇数半圈的默比乌斯带(左)和扭转任意偶数半圈的默比乌斯带(右)

更加严格地说,拓扑学家认为它们是内部同胚,也就是说我们只考虑其表面本身,而忽略它所嵌入的空间。因为我们所说的默比乌斯带是嵌在三维空间中的,它无法变成其镜像或者一条扭转了三个半圈的带子。假设我们能够把一条默比乌斯带放入一个四维空间内,就可以将其形变成一个在三维空间内向任一方向扭转任何奇数个半圈的带子。同样,一条未扭转过的带子(与圆柱或一张中间有一个洞的纸拓扑等价)可以在四维空间内扭转,回到三维空间变成一条向任一方向扭转任意偶数个半圈的带子。

不是想象在四维空间中操作带子,而是把它们想象成厚度为零的曲面,在三维空间中可以自相交。那么只需发挥一点想象力就可以想到,一条扭转过了的默比乌斯带如何通过穿过其自身,变成任意与其拓扑等价的形状。例如,一

条"幻影"默比乌斯带可以通过穿过其本身变成其镜像,或者向任一方向扭转了奇数个半圈的任何曲面。

当一条扭转过的默比乌斯带被嵌入三维空间时,它获得了外在的拓扑性质,这个性质是当它和嵌入的空间分开时所没有的,只有从这种外在意义出发,才可以说这条默比乌斯带与,比如说,一个扭转了三个半圈的默比乌斯带是拓扑不同的。

默比乌斯带(或其任何本质上等价的形式)最匪夷所思的内在拓扑性质是当沿着带子中间将其一分为二时,得到的不是我们预想的两条带子,而是一条更长的带子。正如一首匿名打油诗所描述的:

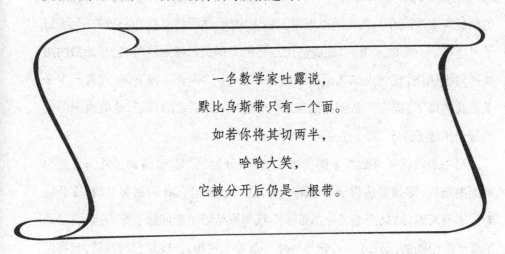

一名数学家吐露说,

默比乌斯带只有一个面。

如若你将其切两半,

哈哈大笑,

它被分开后仍是一根带。

令人惊讶的是,通过"分半方法"剪成的新带子有两个面和两条边。因为模型是被嵌在三维空间中,它扭转了$2n+2$个半圈,n是原始带子的奇数个半圈扭转数。如果n为1,则新带子转四个半圈,是一个偶数,所以它本质上与一个圆柱同胚。如果n为3,最终的带子转八个半圈,被系成了一个平结。

一条扭转了偶数($0,2,4$……)个半圈的带子,从中间剪成两半后,总是会产生两条分开的带子,与原来的带子一样,只不过要窄一些。在三维空间中,每

121

条带子扭转n个半圈,两条带子相交$n/2$次。因此当n为2时,分半产生两条带子,每条带子扭转了两个半圈,它们就像一条链子的两个环节一样连接在一起。当n为4时,其中一条带子在另一条带子上绕了两次。当n等于2时,你可以将带子分成两个相连的指环,将一个弄断扔在一边,将剩下的一个再分成两个更窄一些的连环,再将一个弄断扔在一边,只要你喜欢,你可以一直做下去(从理论上讲)。

在我的《数学,魔术与奥秘》(*Mathematics, Magic, and Mystery*)一书中,我解释了魔术师们是如何在一个叫作"阿富汗带"老式撕布戏法中利用这些性质的。巴尔(Stephen Barr)提出另外一个演示同样特性的新奇办法。他用高浓度的硝酸钾水溶液在一条大的厚纸带上画上中线,然后将其挂在一枚钉子上,钉子只承受了一半的纸带。当在底部用点燃的香烟头触碰中线时,它开始沿两边快速向上燃烧,直到火焰在顶端相遇,然后一半的带子会掉下来,或者产生一条更长的带子,或者两条相扣的带子,抑或一条打了结的带子,这取决于原始的带子扭转了一个、两个还是三个半圈。

当一条扭转了奇数个半圈的带子被"一分为三"时,会得到另外一个意想不到的结果,即如果从带子边缘的三分之一处开始剪,在回到起点前,你会绕着带子剪两圈。结果产生了一条带子形状与原始带子相同除了窄一点(它是原始带子的中间的三分之一),它与另外一条带子相扣,长度是它的两倍,与将原始带子剪成两半后得到的带子一样(但是窄一些)。当n等于1时(默比乌斯带),一分为三产生了一条小默比乌斯带,接着一条有两个面的扭转了四个半圈的较长的带子(如图8.2)。

现在出现了一个非常有趣的问题(由两个读者独立提出的,芒格(Elmer L. Munger)和伍德伯里(Steven R. Woodbury)。在将一条默比乌斯带一分为三,得到两条相扣的带子后,看看你能否将其如图8.2那样叠在一起形成一条三层

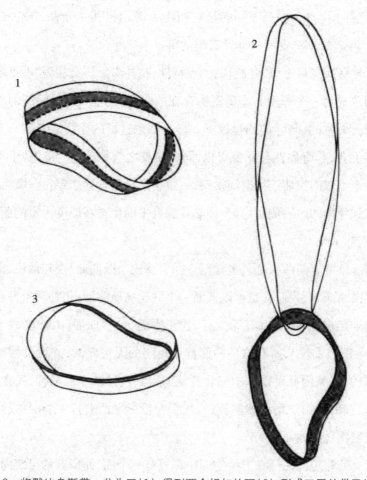

图8.2 将默比乌斯带一分为三(1);得到两个相扣的环(2);形成三层的带子(3)

的默比乌斯带。如果你成功了,你会发现一个奇特的结构,外面的两条带子完全被"中间"的默比乌斯带隔开了。

因此,你会认为默比乌斯带是被两条分开的带子所包围,当然事实并非如此。将三条一样的带子叠在一起,看成一条,同时扭转半圈,将相对应的末端粘在一起,就能得到上述相同的结构。如果将这个三层的带子最外侧涂成红色,你会发现将其翻转到里面时,这个涂红了面就跑到了内侧,三层带子的外侧变

123

成"无色"的了。将 m 层带子扭转 n 个半圈后,算出将其一分为二或一分为三会得到什么样的结果,是一件非常有趣的事。

默比乌斯带具有很多独特的内在特性,拓扑学家将其称为"不可定向性"。将它想象成为一个厚度为零的真实存在的曲面。这个二维空间里的平面生物是镜像不对称的(与它们的镜像不一样)。如果这样的生物沿着带子上移动去它同伴汇合,其奇偶性会发生变化,同时变成之前其自身的镜像(宇宙学家设想了一个类似的扭曲三维空间模型,一位宇航员绕行这个宇宙一圈后,他的心脏会跑到身体的另一侧)。切记,你必须假设平面生物在厚度为零的曲面"里",而非"上"。

所有不可定向曲面必须包含至少一个默比乌斯曲面。换句话说,从任何一个非定向曲面中,我们总是可以截断一个默比乌斯曲面。拓扑学家发现了很多奇异的非定向曲面,例如克莱因瓶、投影平面、伯伊曲面(由德国数学家伯伊(Werner Boy)发现),所有这些曲面都是封闭的无边界的,并且就像球面一样无边缘的。克莱因瓶可以从中间切开从而得到两条默比乌斯带,我在《数学游戏之六》一书的第二章中就解释过。如果在投影平面上打一个洞,投影平面也会变成默比乌斯曲面。

所有的非定向曲面在三维空间中都只有一个面,而所有的可定向平面(在这种平面中,平面非对称生物无法颠倒其左右手)在三维空间中都有两个面。有面性不是像可定向性那样的内在拓扑性质。只有在我们所处的空间中,我们才可以说一个二维曲面有一个面或者两个面,就好像我们只可以说,当一个封闭的一维曲线被嵌在一个平面中时有内部和外部一样。

默比乌斯带的另外一个内在性质与图论有关。在一个平面上,或者任何扭转了偶数个半圈的带子上,最多有 4 个点可以做到两两相连,并且连接线不相交(如图 8.3 左),不难证明为什么不可以是 5 个点。在一个默比乌斯曲面上,最

多可以有6个点的连线不相交。设想一条断开的默比乌斯带上有6个点（如图8.3右），假设在带子扭转一个或任意奇数个半圈后将上下两端粘合，你可以将所有的点两两相连，连线不相交，或者不作弊地让连线经过一点连接另两个点吗？这里我们再次假设带子没有厚度，每条线都要理解成是在纸的"里"，就好像墨迹渗透到纸的另一面。

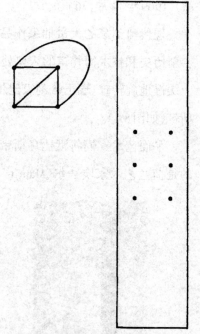

图8.3 平面（左）或带子（右）上的点

默比乌斯带被应用到生活的方方面面。弗雷斯特（Lee De Forest）发明了可以双面录制声音的默比乌斯电影胶片，在1923年获得了一项美国专利。最近，同样的想法被用到了磁带录音机上，扭转后的磁带的录音时间是原来的两倍。默比乌斯传送带因其设计可以双面运送货物而获得了几项专利。哈里斯（O. H. Harris）1949年因默比乌斯砂带获得2479929号专利。谷德里奇公司1957年也获得了类似的专利（2784834号专利）。雅各布斯（J. W. Jacobs）发明了干洗机的自动清洗过滤带，当扭转的传送带工作时可以轻松地洗去"双面"上的脏东西，1963年他获得了3302795号专利。

戴维斯（Richard L.Davis）是新墨西哥州阿尔伯克基的桑迪亚公司的一名物理学家，在1963年发明了默比乌斯无电抗电阻，当他将金属箔片粘在绝缘带的两面并形成一个三层的默比乌斯带时，他发现当电脉冲从两个方向（相向的）流过金属簿片时（相互通过），三层默比乌斯带获得了所有理想的电子特性（参见《时代》周刊，1964年9月25日，和《电子产品图解》（*Electronics Illustrat-*

ed），1969年11月，76页）。

现代雕刻家的大量抽象作品都是基于默比乌斯曲面的。华盛顿史密森学会新历史和技术博物馆的入口处，有一条8英尺高的钢铸默比乌斯带，在基座上缓慢地旋转着。瑞士雕刻家比尔（Max Bill）的很多抽象作品也是基于默比乌斯带（如图8.4）。

平面艺术家们将默比乌斯带应用于广告和艺术作品中。图8.5和8.6翻印的是荷兰艺术家埃舍尔（Maurits C.Escher）运用默比乌斯带创作的作品。1967

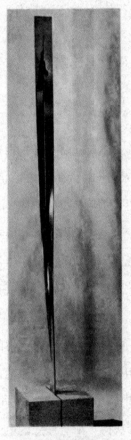

图8.4　圆柱形连续曲面(1953年)，
布法罗市奥尔布赖特-诺克斯美术馆

图8.5　埃舍尔的"默比乌斯带Ⅱ"木雕

图8.6 埃舍尔的"默比乌斯带 I "木版画(1961年),一条一分为二的默比乌斯带,这条带子的形式是三条首尾相连的鱼

年,巴西为纪念数学大会的召开发行了默比乌斯带纪念邮票。1969年,比利时邮票上也印有一个压扁呈三角形的默比乌斯带(两枚邮票如图8.7)。一个三角形、压扁的默比乌斯带是1974年华盛顿斯州波坎市的1974年世博会官方标志。1976年4月5日的《纽约客》封面上刊登一个有30个商人向两个方向同时行走的默比乌斯带。

默比乌斯曲面在很多科幻故事中扮演着重要的角色,从我的《无边的教授》到克拉克(Arthur C. Clarke)的《黑暗之墙》(《超级科学故事》(*Super Science*

图8.7 比利时和巴西发行的默比乌斯带邮票

Stories),1949,7)。很多朋友给我寄来印有默比乌斯带的圣诞贺卡,上面写着祝福,例如"永远快乐"。很神奇的是,如果你手拿默比乌斯带轻拉带子通过你的指尖时,带上背面的字都是倒的,而正面连续不断的字一直是正的。我在《矮胖子》杂志做编辑时,就曾利用这个特性做过一个活动企划("观看感恩节游行",1955年11月,第82-84页)。

一些打字速度超快而且已经厌烦了更换纸张的作家们,正在采用在成卷的纸上打字的权宜之计,就像厨房卷筒纸一样。如果他们使用一长卷纸,就可以将纸扭转,实现双面打字了。托布勒(Waldo R.Tobler)曾建议将世界地图绘制在默比乌斯带上,使带子边缘与两极相一致,纬线与经线对称间隔。如果做得好,你可在地图上任一点刺穿,而另一"面"上的点就是球面的对跖点。

六边形折纸扭转了奇数个半圈,因此是默比乌斯曲面。读者若想更多地了解这个有趣的交叉默比乌斯带拓扑结构,可以参阅下一章的第15个问题。关于可以制作默比乌斯曲面的可折和连接的带子最短长度,参见我的《数学游戏之六》的第六章。杂技演员现在表演一种戏法叫作默比乌斯跳,即在空中翻越的同时进行身体的旋转。

一个由法国作家和数学家组成的团体,用他们团体的名字"乌力波"①发表了很多关于法语文字游戏的有趣实验,他们利用默比乌斯带创作诗歌。例如,带子的一面是韵律为abab的四行诗,另一面是韵律为cdcd的四行诗,将带子扭转变成默比乌斯带时,一首韵律为acbd-acbd的新诗歌诞生了。

近年来,甚至一些非数学作家也开始痴迷于默比乌斯曲面作为无穷的一个象征。奥尔森(Charles Olson)曾经创作诗歌《默比乌斯带》,贝热(Carol Bergé)

---

① 乌力波是一个由作家和数学家组成的松散的国际写作团体,1960年创立于法国,其成员至今活跃于世界文坛。雷蒙·格诺是乌力波的创始人,他对乌力波团体的影响具有举足轻重的作用。——译者注

创作了诗歌《默比乌斯带情缘:11个感性小故事》,作者在书的护封上印了一个巨大的默比乌斯带,在每个小故事的开头展示了形状较小的默比乌斯带。在书的扉页上,作者这样写道:"当男人与女人坠入爱河,他们的关系就变成了默比乌斯带,没有开端,没有结局,是一个永无止境的连续体……在这些故事中你可以体会到智慧与真诚,足够拉近你与这些人物的距离——恰如人生的默比乌斯带上那次机缘巧合的相遇。"

很难说无尽的带子上的一个扭转会给象征带来些什么,是一条没扭转过带子或一个老式的圆无法提供的。所有这些扭转所做的是让人向左走或向右走回到曾经到访过的点。但是它对人生的影响不得而知。

巴斯(John Barth)的《迷失在游乐场》(*Lost in the Funhouse*)(双日出版社,1968年)的开篇故事,更准确地说,故事的开头就设计成了须在默比乌斯曲面上阅读,读者可以将此页沿着虚线剪下,然后扭转并粘贴成默比乌斯带,这样就可以阅读没完没了的"故事开头"了:"从前有这样一个故事发生在从前有这样一个故事发生在……"

这是一个耳熟能详的儿童故事,故事的开头反复重复,没有中间情节,没有结局。我曾经创作一首没有中间情节的元诗,只有无尽的开头和结尾:

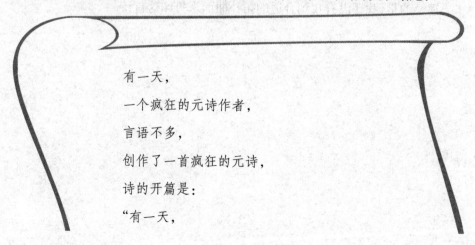

有一天,

一个疯狂的元诗作者,

言语不多,

创作了一首疯狂的元诗,

诗的开篇是:

"有一天,

一个疯狂的元诗作者,

言语不多,

创作了一首疯狂的元诗,

诗的开篇是:

'"有一天

结尾了,"'

诗人选好了词句,

把他的疯狂诗歌领向

结尾了,"

诗人选好了词句

把他的疯狂诗歌领向

结尾了

遗憾的是,我还没有找到合适的拓扑曲面来打印这首诗。

图8.8给出了解决默比乌斯带问题的一种方法。设想在粘合带子的两端前，将带子扭转半圈，带子底部的a,b,c,d,e点就会与顶端的相应点对接，该曲面的厚度必须视作零，它的线在带子"里"，而非带子的面"上"。

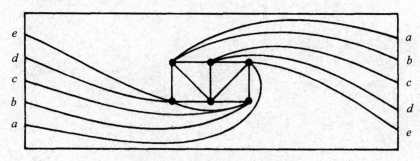

图8.8　默比乌斯带问题的答案

这张图的补充是需要6种颜色的一张地图，每个相邻区域的颜色不同。以便区分相邻的六个区域。图8.9是很多读者提供的另外一种对称解法。

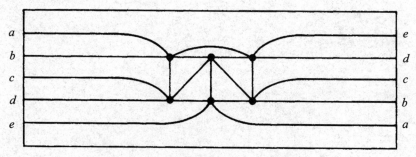

图8.9　默比乌斯带问题的另一种对称解法

第 9 章

可笑的问题

解答下面的这些小问题都不需要高等数学知识。它们大多数都有一个出人意料或是有技巧性的答案，无需太过严肃，仅供消遣。

1. 在某个非洲村落住着800名妇女。她们中的3%戴着一个耳环，另外的97%中，一半戴着两个耳环，一半不戴耳环。那么，这个村落的妇女总共戴了多少只耳环？

2. 当把一个凸多面体放置到一个水平面上时，它的任何一面都可以充当底部。一个正多面体的重心就是它的中心，因此它在任何一面上都能稳稳立住。非正多面体在某些面上是不稳定的，即当将不稳定的面立在桌子上做为底时，它会翻倒。那么，有可能做出一个非正凸多面体模型，它在每个面上都是不稳定的吗？

3. 下面的这组序列中丢失的数字是几：

10，11，12，13，14，15，16，17，20，22，24，31，100，____，10000（提示：丢失的数字是用三进制表示。）

4. 以下所有陈述中,有3个是错的,它们是?

a) 2+2=4

b) $4 \div \frac{1}{2} = 2$

c) $3\frac{1}{5} \times 3\frac{1}{8} = 10$

d) $7-(-4)=11$

e) $-10(6-6)=-10$

5. 在一个小镇里,有一位逻辑学家决定去理发来打发时间。这个小镇只有两位理发师,每个人都拥有自己的理发店。这位逻辑学家扫了一眼一家理发店,发现里面非常不整洁,理发师的脸没有刮,衣衫不整,发型也很糟糕。另一家店却极整洁,理发师刚刚刮过脸,衣服一尘不染,头发也修剪得很整齐。于是,逻辑学家回到了第一家理发店去理发。为什么?

6. 将一个方格加到井字游戏棋盘上(如图9.1所示)。如果按通常的规则玩游戏,走第一步的玩家很容易通过如图所示的下法完成三子一线赢得游戏。如果没有额外的格子,第二个玩家只要将棋子下在中间的方格来阻止对手获胜。但是现在,第一个玩家可以如图所示下棋,下一步棋显然可以获胜。

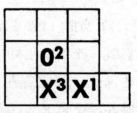

图9.1 第一个玩家获胜

让我们给游戏加一个新的限制条件,玩家在最底行时只有占据了所有四个方格方可获胜。那么第一位玩家还能获胜么?

7. 一位秘书给四个人写了四封信,并分别在四个信封标好了地址。如果她

将信随机放入不同的信封,那么恰好三封信放对信封的概率是多少?

8. 请考虑这样三个点:一个点在正四面体的中心,另两个点分别在任意两个角点。这三个点共面(位于同一平面内)。那么,这同样适用于所有的不规则四面体么?

9. 在一个球的表面随意取三个点,所有这三个点位于同一半球的概率是多少?假定分界半球的大圆,是半球的一部分。

10. 篮子里有13个苹果,如果你拿走3个,那么你有多少个苹果?

11. 从一点向圆引两条切线(见图9.2),切线段 YC 和 XC 必然相等,每条线段的长度都是10个单位。圆周上的 P 点,是在 X 和 Y 之间随意选取的,直线 AB 是与圆相切于 P 点的切线,那么,三角形 ABC 的周长是多少?

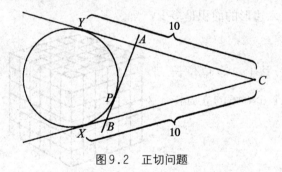

图9.2 正切问题

12. 如果9千9百零9美元应写为 \$9909,那么12千12百12美元应该怎样写?

13. 一位化学家发现,当他穿上一件夹克衫时,某种特定的化学反应会持续80分钟。当他不穿夹克衫的时候,相同的化学反应会持续1小时20分钟。这是什么原因?

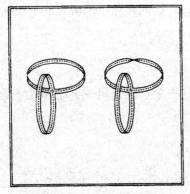

图9.3 一个拓扑问题

14. 图9.3所示的两个纸结构都由一个水平和一个垂直纸带相扣组成,每个纸带的长和宽都一样。两个结构是一样的,除了第二个水平的那个纸环扭转了一个半圈。如果沿着虚线将第一组的纸环剪开,就会非常奇妙地出现如图所示的一个大正方形的边界。

那么,如果同样沿着虚线将第二组的纸环剪开,会产生什么样的结果呢?

15. 一个等边三角形和一个正六边形周长相等。如果三角形的面积为两个平方单位,那么六边形的面积是多少?

16. 能用27块1×2×4单位长度的砖拼成一个6×6×6的立方体吗?(见图9.4)

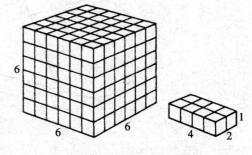

图9.4 立方体分解难题

17. 一位在餐厅就餐的顾客在他的咖啡里发现一只死苍蝇。他叫服务生换了一杯咖啡。在尝了一口后,他喊道:"这还是我刚才喝的那杯咖啡!"他是怎么知道的?

18. 一块金属片,中间是一个边长为2英尺的正方形,两端是两个半圆(见图9.5)。如图所示,如果从中间切下一个直径为两英尺的圆,那么剩下金属的面积是多少?

19. "我保证,"宠物店店员说,"这只鹦鹉会重复它听到的每一个字。"一位顾客买下了这只鹦鹉,却发现它一个字也不会说,然而,店员并没有说谎。请解释为什么。

20. 从正方形的一个角引两条直线正好将正方形的面积三等分(如图9.6所示)。那么,这两条三等分线将正方形的两条边切割的比例是多少呢?

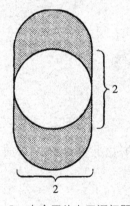

图9.5　在金属片上开洞问题

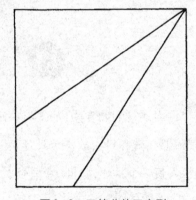

图9.6　三等分的正方形

21. 一根10英尺的圆柱形铁管,内径为4英寸。如将一个直径为3英寸的钢球从A端塞进管内,并将另一个内径为2英寸的钢球从B端塞进去。那么,在一根小棍的帮助下,有可能让两个钢球通过整个管子从一端推到另一端么?

22. 请给出至少三种方法,用气压表来确定一幢高楼的高度。

23. 你能用5根纸梗火柴组成一个立方体吗?不能折弯或劈开火柴。

24. 在四手桥牌发完后,以下那种情况更有可能发生:你和你的搭档拿到所有的梅花或者你和你的搭档一张梅花也没拿到?

25. 这道老套的问题至今仍会迷惑住几乎所有第一次听到它的人。史密斯向酒店职员支付了15美元作为当晚房费,当职员发现多收了5美元时,他让侍者带着5个1美元去还给史密斯。然而这个不诚实的侍者只给了史密斯3美元,另外2美元自己留下了。现在,史密斯为他的房费支付了12美元,侍者得到了2美元,这笔账目共14美元,有1美元不见了,去哪儿了呢?

答 案

1. 在97%的妇女中,如果有一半妇女戴2个耳环,一半妇女不戴耳环,那么就和每人戴一个耳环是一样的。由此可得到800名妇女平均每人戴一个耳环,共800个耳环。

2. 没有可能。如果一个凸多面体在每一个面上都站不住,那么就能造出一台永动机。每次这个多面体倒向新的底面,就会因为站不稳再次翻倒。

3. 每个数字都是不同的进制(数基)中的16,从16进制数开始一直降到2进制数为止。那个丢失的数字,即三进制数的16,是121。

4. 只有等式b和e是错的,因此有三个错误的陈述是错误的,这是第三个错误。

5. 每个理发师都肯定只能为别人理发,不能为自己理发。因此逻辑学家选择了为竞争对手理了个更好的发型的理发师。

6. 假设将这些方格从左到右、从上到下依次编为1~10号。第一个玩家只有第一步占据格2和格6才会赢。第一个玩家的所有对策,我把它留给读者去解决。

7. 零。如果三封信都放对了信封,那么第四封也会放对。

8. 是的。空间中任意三点共面。

9. 概率为百分之百。球体上任意三点都在一个半球上。

10. 3个苹果。

11. 三角形的周长是20个单位。从圆外部的点到圆的切线段长度是相等的,因此$YA=AP$且$BP=XB$。因为$AP+BP$是三角形ABC的一条边,那么很容易可得出三角形的周长是10+10=20。这是那些假定有答案,就能以不同的方法去解决的奇妙问题之一。既然P可以是圆上从X到Y的任何位置,我们就将P移到一个极限位置(Y或X)。在两种情况下，三角形*ABC*的一条边都会缩为0，而*AB*的长度会扩展到10，形成一个退化的三边分别为10、10、0的直线"三角形"，周长为20。(感谢小史密斯(Philip C. Smith, Jr))

12. \$13212。

13. 80分钟就是1小时20分钟。

14. 将第二组的纸环剪开的结果和第一组是一样的。事实上，无论水平的纸环扭转多少圈，结果都是同样的大正方形。想要更多的惊奇，试试将第二组未扭转过的纸环二等分，扭转过的纸环三等分，看看会发生什么!

15. 六边形面积为三个平方单位。(如图9.7所示)

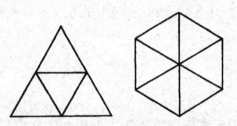

图9.7　三角形-六边形的面积答案

16. 不能。想象这个6阶立方体由27个边长为2个单位的立方体组成，黑、白两色交替。既然27是奇数，那么就会有13个一种颜色的立方体和14个另一种颜色的立方体。无论怎样放置到这个立方体的

砖块,它的单位立方体都会是一半黑一半白。因此,如果能搭出这个立方体,它也一定包含同样多的黑白单位立方体。而矛盾就在于大立方体中,一种颜色的单位立方体比另一种颜色的多,因此想要用27块砖搭一个6阶的立方体是不可能的。

17. 这位顾客在发现死苍蝇前在咖啡里加了糖。

18. 这两个半圆合在一起拼成了一个正好与洞的尺寸吻合的圆。因此剩下金属的总面积为4平方英尺。

19. 这只鹦鹉是个聋子。

20. 这两条三等分线同样将正方形的每条边三等分。正如将这个问题交给我的海因(Piet Hein)所说的,以引出三等分线的角为起点,引出平分矩形的主对角线,就很容易理解了。很明显,一条三等分线必然将矩形的一半分成两个三角形,小三角形的面积是大三角型面积的一半。既然这两个三角形等高,那么,小三角的底边就是大三角的底边的一半。

21. 可以的,如果不同时在管子推球的话。

22. 以下有5种方式:
(1)用一根绳子将气压表从楼顶下放到地面,再拉上来,测量绳子的长度。

（2）方法与上相同，但不把气压表拉上来，而是让它像摆锤一样摆动，然后通过摆锤的频率，计算绳子的长度。（感谢埃克斯（Dick Akers）想出了这个主意。）

（3）将气压表从楼顶上扔下，记下它下落的时间，然后利用自由落体公式计算出距离。

（4）在一个晴朗的日子，算出气压表的高度与它的影子长度的比例，然后将该比例应用于高楼影子的长度。

（5）找到这栋楼的负责人，承诺如果他会告诉你这栋楼的高度。就将气压表送给他。

上述解决方法（1）很古老的方法（当我还是一个孩子时就听我父亲讲过），对这个问题最完整的讨论，包括除了（2）以外所有的解答，都是出自卡兰德拉（Alexander Calandra）的《初级科学和数学教学》（*The Teaching of Elementary Science and Mathematics*）。卡兰德拉早些时候在《现代科学》（*Current Science*）教师版本中关于这个问题的讨论，是一个《纽约时报》故事的基础（1964年3月8日，第56页）。

23. 如果把"立方体"当作数字概念，那么5根火柴可以用来组成1或27，或VIII或指数为3的1。如果火柴底部是平直的，那么将火柴按图9.8摆放，就能在中间得到一个小小的立方体。

24. 概率是一样的。如果你和你的搭档一个梅花也没有，那么所有的梅花肯定在另外两位玩家手上。

图9.8　5根火柴围成的立方体

25. 将侍者的2美元加上史密斯支付的房费12美元是一个毫无意义的和。史密斯共拿出12美元：其中店员10美元，侍者2美元。史密斯拿回的3美元，加上店员与侍者的12美元，总共15美元。

附　记

第1章和第2章　无之论和无事生非

记得本书的第一版编辑排版时,一位编辑问我是否有必要征得现代艺术博物馆的许可,翻印莱因哈特的全黑油画(图1.2所示)。我说服她相信没这个必要。如我所料,在书的出版流程中,有人向我索要图2.1中"丢失"的艺术作品。顺便提一下,这张"空图"图片还被转载(未经画家授权)到了由博罗夫斯基(E. J. Borowski)和博温(J. M. Borwein)编著的《数学辞典》(*Dictionary of Mathematics*)(伦敦:柯林斯出版社,1989)上,是该书中的图257。

仔细考虑最近对所谓的"人择原理"[参见1989年芝加哥大学出版社的《加德纳的原因和理由》(*Gardner's Whys and Wherefores*)一书的第31章]产生的突发兴趣,我突然意识到,我能回答"为什么是存在而不是不存在?"这个终极问题了。原因就是如果是不存在,我们就无法在此提这个问题了。我想这就清晰地表明了弱人择原理本质上的荒谬。它不是错误的,只不过是对解答任何哲学和科学的问题没有什么重要贡献。丹麦诗人海因(Peter Hein),在他的一首格言诗中这样写道:

这个宇宙可能

如它被描述的那样万能;

但是它不会被错过,

146

如果它不曾存在过。

密苏里州的一位律师巴恩斯(Lakenar Barnes)提醒我,约书亚(Joshua)是嫩(Nun)的儿子;网球比赛中,"love"表示零分;甜甜圈就是在面团中部打了一个洞,即无中生有。他还将自己创作并发表在《圣路易邮报》(*St. Louis Post-Dispatch*)(1967年7月7日)上的一首四行诗送给我:

在数学世界里

人类刻苦勤勉;

收获了伟大的成就

——"无"这一概念。

一些读者对第一章的引文感到困惑。引文出自《哲学百科全书》(*Encyclopedia of Philosophy*)中,希思写的一篇关于"无之论"的文章的第二句话。就像卡罗尔在《爱丽丝漫游奇境记》续集中,用"无名"作为人名一样,希思用"没有人"作为一个人的名字。下面是希思写在首段中的一句话,话语幽默,却意味深长:

"无"是一个令人敬畏又很难消化的概念,受到神秘主义或存在主义倾向的作家的高度推崇,但令更多其他作家感到焦虑、反感和恐慌。"没有人"似乎知道如何处理这个问题(他当然知道),据说,普通人一般没有什么困难就能做到不说、不看、不听和不做。然而,哲学家们从来不敢对此掉以轻心。巴门尼德(Parmenides)主张人类不可能证明什么是"无",又通过阐述"无"打破了自己的规则,最后推理出自己处于一个"无"的世界。这样的想法便持续流行:在

"无"这个问题上,很难踏上有意义和无意义之间的
那条狭窄小路;总之,关于此问题少说为宜。

摩尔的"核能"雕塑,位于芝加哥大学,为了纪念费米(Enrico Fermi)于
1942年在芝加哥大学成功建立了第一座受控核反应堆。通过熟练地使用孔洞,
摩尔将蘑菇云、骷髅眼眶、胚胎和大教堂圆顶这些形象有机地结合在一起。

图A 核能

第4章 阶乘的怪事

一个比1!大的阶乘会是一个平方数吗?前 m 个阶乘($m=1$ 和 3 除外)之和会是一个平方数吗(这里第一个阶乘为0!)?答案是否定的。

霍夫施塔特(Douglas Hofstadter)在来信中问到一个奇怪序列的原理:0,1,2,720!,答案是0,1!,2!!,3!!!……。

西蒙斯(Gustavus J. Simmons)在文献中的两个注释作出这样的猜测:3!,4!,5!和6!是仅有的四个阶乘,与3个连续数的乘积相等(分别是1×2×3,2×3×4,4×5×6和8×9×10)。据我所知,这个推论至今尚未被证明。

特里格(Charles W. Trigg)在注释中提出这样一个问题:唯一的其阶乘有 n 位数的奇数 n 是1,那么其阶乘位数为 $2n$ 的奇数 n 是几呢?唯一答案是267。

赫夫曼用105!制作了一张如图4.3所示的圣诞树贺卡,把末尾的25个0排成5×5的正方形作为圣诞树的树干。

玛达其(Joseph Madachy)告诉我450!被称为"一千零一夜"阶乘,因为它有1001位数字。

我在很早以前就提到过没有人知道由阶乘加上1得到的素数是无限的还是有限的。我们知道的17个这样的数是:

$n=1$,2,3,11,27,37,41,73,77,116,154,320,340,399,427,872 和 1477,最后一个素数1477!+1共有4042位数字。

由阶乘减1构成的素数是无限的还是有限的也无从得知。我们找到了15个这样的数:$n=3$,4,6,7,12,14,30,32,33,38,94,166,324,379,和469,最后一个469!-1有1051位数字。这里要感谢国家一流的素数研究者耶茨(Samuel Yates)提供的这两种阶乘素数方面的数据。

第5章　鸡尾酒杯中的樱桃和其他问题

宫城技术学院的两名日本数学教授对朗福德问题有了新的突破。平板高野(Takanois Hayasaka)以及斋藤贞郎(Sadao Saito)使用一种特殊的计算器试图寻找符合朗福德序列的四重数字。他们发现了三种，每种序列长度为4×24=96个数。他们证明了n(四重数字的个数)的最小值为24。在《数学杂志》(1979年12月第63卷,第261-262页)《朗福德序列:进展报告》中提供了这三个序列。同年,他们还报道了n=24时五重数字,n=21时六重数字的计算机搜索结果,但是没有提供答案。

1980年在刘易斯和克拉克学院,米勒(John Miller)用计算机完成了对于原始朗福德问题(双重数字)的搜索,得到了当n=15时的答案。他报道说发现了39809640种序列,不包括反向序列。最近,根据尼克森的变式,他发现了n=12时,有227968个解;n=13时有1520280个。当我声称莱文发现了n=9的三重数字只有一个解时,我并未意识到米勒已采用计算机进行彻底搜索,发现了n=9时有三个解。

191618257269258476354938743

191218246279458634753968357

181915267285296475384639743

米勒又进行了另一次彻底的搜索,发现三重数字当n=10时有五个解。

1 10 1 6 1 7 9 3 5 8 6 3 10 7 5 3 9 6 8 4 5 7 2 10 4 2 9 8 2 4

1 10 1 2 1 4 2 9 7 2 4 8 10 5 6 4 7 9 3 5 8 6 3 10 7 5 3 9 6 8

4 10 1 7 1 4 1 8 9 3 4 7 10 3 5 6 8 3 9 7 5 2 6 10 2 8 5 2 9 6

8 1 10 1 3 1 9 6 3 8 4 7 3 10 6 4 9 5 8 7 4 6 2 5 10 2 9 7 2 5

1 3 1 10 1 3 4 9 6 3 8 4 5 7 10 6 4 9 5 8 2 7 6 2 5 10 2 9 8 7

最近一篇关于一般问题的论文是艾布拉姆(Jaromir Abram)在《组合学》(1986年第22卷,第187-198页)中发表的《斯科伦及极端朗福德序列的指数下界》。

第6章 纸　　牌

翁德赖伊卡(Rudolf Ondrejka)证实了我的说法,使用25张随机选择的纸牌赢得赌注的概率的确很高。他洗了一副牌,给自己发了1000次25张牌,发现有986次他可以组成五手牌,他估计赢的概率在98%到99%。设计一个计算机程序来确定准确的概率会是件有趣的事。

第7章 手 指 算 术

林顿(James Albert Lindon)(他喜欢别人称他JAL)是英国阿德尔斯的居民,他和一个妹妹开了一家自称为"可怜的小礼品店"。他在1979年去世,享年65岁,生前几乎身无分文,眼睛几乎失明,几乎无人所知。虽然我们从未见过面,但我非常想念他的那些来信和未发表的诗歌以及巧妙的文字游戏。他的喜剧诗歌可以从他的朋友和记者手中收集起来,可以成为一本了不起的书,但谁会出版它呢?

第8章 默比乌斯带

马萨诸塞州大学生物学教授拉瑞森(Lorraine Larison)指出一个我没有注意到的争论。有证据表明,在默比乌斯1865年发表默比乌斯带研究论文之前,拓扑学创始人之一利斯廷(J. B. Listing)就已经研究了好几年默比乌斯带了,可以参阅弗雷谢(M. Frechet)和范(K. Fan)的《组合拓扑学导引》(*Invitation to Combinatorial Topology*)第29页。

加拿大环境部在1984年将默比乌斯带作为材料回收的标识,在新闻稿中是这样阐述的:"经过调查,市民团体和回收企业全力支持将默比乌斯带作为加拿大的材料回收标识。"预计生产商将在包含再利用材料的产品上印有此标识。如图展示了标识样本,由三个分开的扭转粗箭头组合而成。

我所提供的弗雷斯特在1923年获得的专利号(已经从书中删除了)有误,已经有几个读者向我提及此事,但是我的确无法找到出处,或者获得正确的数字,如果有读者可以提供正确专利号码,我不胜感激。1986年,IBM销售一种打印机,就是利用默比乌斯带原理来增加色带的使用寿命。

责任编辑　李　凌

装帧设计　李梦雪　杨　静

·加德纳趣味数学经典汇编·

博弈论、手指算术及默比乌斯带

[美]马丁·加德纳　著

黄峻峰　译

上海科技教育出版社有限公司出版发行

（上海市闵行区号景路159弄A座8楼　邮政编码201101）

www.sste.com　www.ewen.co

各地新华书店经销　天津旭丰源印刷有限公司印刷

ISBN 978-7-5428-6428-4/O·1014

图字09-2013-852号

开本720×1000　1/16　印张10.5

2017年1月第1版　2023年8月第3次印刷

定价:36.80元